碳纤维基超级电容器材料应用及制备

孙炜岩　编著

气象出版社
China Meteorological Press

内容简介

本书根据作者和研究团队以及国内外超级电容器材料和性能的最新研究进展，从超级电容器的特点出发，系统介绍了超级电容器的分类、超级电容器的材料、静电纺丝技术在一维纤维制备上的应用、碳纤维基柔性电极材料的制备及其超级电容器性能、构建氧化钨/碳纤维复合电极材料及其在超级电容器领域中的应用研究、构建基于氧化锡/碳纤维的不对称超级电容器及其赝电容行为、运用不同制备方法得到的镍基复合材料及其赝电容特性研究和控制性合成氧化铜@氧化钒/碳纤维储能复合材料及电化学性能研究等方面的内容。对碳纤维基超级电容器材料的研发提供了一定的理论基础和实验参考。

图书在版编目(CIP)数据

碳纤维基超级电容器材料应用及制备 / 孙炜岩编著
. -- 北京 ：气象出版社，2021.6
ISBN 978-7-5029-7465-7

Ⅰ.①碳… Ⅱ.①孙… Ⅲ.①碳纤维增强复合材料－应用－电容器－材料制备 Ⅳ.①TB334②TM53

中国版本图书馆 CIP 数据核字(2021)第 117588 号

碳纤维基超级电容器材料应用及制备

Tanxianweiji Chaoji Dianrongqi Cailiao Yingyong ji Zhibei

孙炜岩　编著

出版发行：气象出版社			
地　　址：北京市海淀区中关村南大街 46 号		邮政编码：100081	
电　　话：010-68407112(总编室)　010-68408042(发行部)			
网　　址：http://www.qxcbs.com		**E-mail**：qxcbs@cma.gov.cn	
责任编辑：张锐锐　吕厚荃		终　　审：吴晓鹏	
责任校对：张硕杰		责任技编：赵相宁	
封面设计：艺点设计			
印　　刷：北京建宏印刷有限公司			
开　　本：787 mm×1092 mm　1/16		印　　张：6	
字　　数：155 千字			
版　　次：2021 年 6 月第 1 版		印　　次：2021 年 6 月第 1 次印刷	
定　　价：45.00 元			

目　　录

第1章 超级电容器分类

1.1 引言

随着人类对能源需求日益增加,能源转换和存储材料的开发成为当今世界亟待解决的问题之一,同时,大规模使用的能源装置其局限性也逐渐显现出来,以目前已经广泛应用(智能设备、数码设备、无绳电动工具、美容产品和汽车等)的锂离子电池为例,锂电在生产过程中存在生产要求条件高和成本高的缺点,使用过程中存在过充、过放、安全性低和与其他电池相容性差的缺点,如何补充锂电的短板成为能源开发和利用领域必须解决的问题。超级电容器的出现为能源和能源存储利用之间架起了一座桥梁,也为补充锂电在应用上的不足做出了努力,例如超级电容器具有在放电过程中可提供瞬时大电流、工作过程中对环境因素要求低且循环使用性高的优点,而锂电的优势在于适当电流的持续释放,二者可互补使用。针对目前能源存储问题的发展思路如图 1-1 所示。

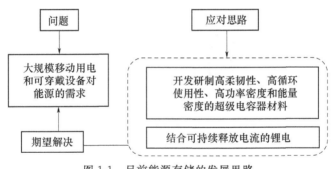

图 1-1 目前能源存储的发展思路

1.2 超级电容器概述

蓄电池(Storage Battery)、电容器(Capacitor)和超级电容器(Supercapacitor)是目前主要三大能量存储系统[1-6]。蓄电池是将化学能直接转化成电能并可通过可逆化学反应实现再充电的装置[2-3],通常铅酸电池和锂电池都属这一类,充电时把电能储存为化学能,放电时把化学能转换为电能输出;电容器与电池类似,两个电极分别连接到被电介质隔开的两块金属板上,电介质可以是任何不导电并能防止这两个金属板相互接触的物质,电容器具有阻隔直流、消除脉动和高速释放电量的功能[4];超级电容器是介于电容器和蓄电池之间的一种新型储能装置,它既具有电容器快速充放电的特性,同时又具有电池的储能特性[5-6]。图 1-2 给出各个储能系统的比功率($W \cdot kg^{-1}$)-比能量($Wh \cdot kg^{-1}$)Ragone 图[7-10],三种系统在比功率和比能量方面各有不同,蓄电池在可持续放电的同时具有比功率低的缺点,电容器可瞬间释放大电量但是比

1

能量低,超级电容器拥有较广阔的发展空间,可在具有相对较高比能量时又具有较高的比功率。从大规模智能用电设备的能源需求看,高容量、高能量密度、高功率密度和高循环使用性的能源存储体系日益受到青睐,若能将蓄电池和超级电容器二者优点结合研发将为能源的利用和存储提供一条可持续发展的道路。

超级电容器是在基于诸如多孔碳和一些金属氧化物这样的高比表面材料的电极-电解液界面上进行充放电的一类特殊电容器,遵循着与传统电容器一样的基本原理,并且可实现快速的充电和放电过程。由于电极材料具有更大的有效比表面积和更薄的厚度,所以较之传统电容器其比电容值和比能量值提升了 $10^4 \sim 10^5$ 倍,当传统电容器的电容单位在微法拉和毫法拉范围时,单个超级电容器却可以拥有高达数百甚至上千法拉的额定电容值,同时,由于其具有较低的等效串联电阻,使其能够在高比功率($kW \cdot kg^{-1}$)下工作。超级电容器可像电池一样存储和释放电荷,但是电荷存储机制却不同,就比功率和比能量而言,超级电容器不应被认为是电池的替代物,而应是占据一个合适位置与电池形成有效互补的替代元件。相对于电池而言,超级电容器在同样体积下具有非常快的充放电效率,但是比能量比电池要低,超级电容器之所以能够高度可逆、快速地存储和释放电荷,是因为超级电容器在充放电过程中没有慢的化学反应和相变发生,而大多数电池型的储能器件则存在这样的情况。相对于电池而言,超级电容器具有充电时间短、循环使用性久、搁置寿命长和进出电荷效率高等一系列优点。

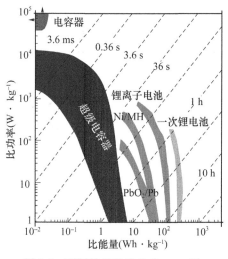

图 1-2　不同储能系统的 Ragone 图

1.3　超级电容器分类

根据不同的储能机理,可将超级电容器分为双电层电容器(Electric double layer capacitor,简称 EDLC)和法拉第准电容器(也称赝电容器,Pseudocapacitor)两类[8-10],如图 1-3 所示,其中双电层电容器的能量存储主要来源于电极表面通过静电作用吸附的电荷。赝电容器主要通过法拉第准电容活性电极材料表面及表面附近发生可逆的氧化还原反应产生法拉第准电容,从而实现对能量的存储与转换。

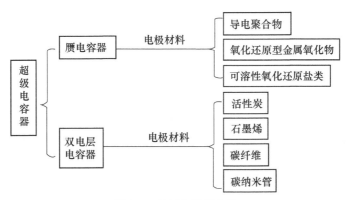

图 1-3　超级电容器分类

1.3.1　双电层电容器工作原理

双电层电容器(EDLC)是通过静电作用进行电荷存储,将电解液中的离子可逆吸附到高比表面积活性材料中,正负电荷分离发生在电极与电解液界面处[11-13],故而得名:双电层电容器。如图 1-4 所示,充电时,在外加电场作用下电解液中的阴阳离子分别向正负两极移动,吸附在电极表面,在电极和电解液之间形成相反电荷层,等同体系的内建电场,当内建电场与外加电场达到相对平衡时,充电过程完成。撤去外加电场,通过电极与电解液中电荷的相互作用,体系内部即会形成稳定的双电层,两个电极之间形成稳定的电势差,达到存储电荷的目的;放电时,两极与外电路相连使电荷解吸,电荷在外电路作用下逐渐解吸到电解液中,外电路即有电流通过,随时间的推移内建电场逐渐减弱,直至消失,此时放电过程结束。此种电荷存储机制使得超级电容器的充放电效率接近 100%,远高于电池的库仑效率,因此循环性能相当高。

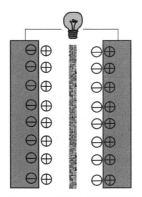

图 1-4　双电层电容器电荷存储机制原理图

双电层电容器的储能方式与传统电容器类似,与传统二维平板电容器相比,双电层电容器利用电极材料的高比表面积可获得更多的电容值。在实际应用和研究过程中,许多电容器的性能受体积限制而非重量,所以有时在描述电极材料的电化学性能时采用体积比容量($F \cdot cm^{-3}$)来实现,而将质量比容量($F \cdot g^{-1}$)除以活性物质的密度即得体积比容量,这里需要注意的是超级电容器单元的其他组成部分(黏结剂、添加剂、电解液、隔膜、气密封装部分和连接器等)的重量也应该考虑,活性物质最终占比究竟是多少不同电容器之间也存在不同。

双电层电容器的整个性能受两个主要因素影响:第一是活性电极材料的选择,这对器件最终电容值的大小起到至关重要的作用,众多研究者已经在此领域做了许多研究工作,第2章中针对此内容有更加详细的介绍;第二是电解液的选择,电容器的工作电压受不同类型电解液的制约,总体来讲,双电层电容器的电解液可以分为三大类:① 水系;② 盐溶解于有机溶液体系;③ 离子液体。虽然早期双电层电容器是基于水溶液体系,但为了获得更高的工作电压和更大的比能量,有机电解液体系成为一种发展趋势。水系电解液,例如,酸(如 H_2SO_4)和碱(如 KOH)具有离子电导率高(高达 $1\ S \cdot cm^{-1}$)、廉价易得和应用范围广的优势,但是,由于水系电解液具有相对较低(约 1.23 V)的分解电压,使其电压适用范围具有局限性,然而,由于水系电解液具有较高的介电常数和较小的水合离子,所以碳材料在水系电解液中表现出的比容量要高于在非水系电解液中的比容量,如果只把电容器定位在廉价和高功率的应用属性,水系电解液体系不失为一个好的选择,然而由于水系电解液体系只能为电极材料提供较低的工作电压,故此严重限制了电容器在高能量需求方向的发展。由于超级电容器的比能量与工作电压的平方成正比,因此高电压非水系电解液体系在高能量应用方面具有很大的吸引力,目前溶解有烷基季铵盐混合物的电解液体系在商业化的电容器开发领域具有广泛的应用,同时,非水系电解液体系中的超级电容器在使用过程中不可忽视的一点是电极材料表现出的高电阻值,同种碳电极材料,其在水系电解液体系中比非水系电解液中的电阻至少要低一个数量级。烷基铵盐溶解在适当质子化溶剂中的非水系电解液体系是双电层电容器中比较常见的电解液体系。相比于水系和非水系电解液体系,目前有关使用离子液体的双电层电容器的相关报道较少,离子液体是一类在相对较低的温度(<100 ℃)下呈液态的有机盐,其中有一些可以作为无溶剂的双电层电容器电解液,可在很大程度上避免有机溶剂出现的易燃性和挥发性的缺点。

基于多孔碳电极的双电层储能理论中:双电层其中一层在固体表面上,靠近电解液的一侧由紧密排列的带相反电荷的离子层组成,形成亥姆霍兹层,这也解释了双电层名称 的起源,式(1-1)给出双电层的电容 C_{dl} 表达式,其中 ε_0 是真空介电常数,ε 是溶剂的介电常数,s 是电极表面积,δ 是带电裸离子中心距离电极表面的距离,一般即认为是双电层厚度。对于双电层电容器,需要使用浓度较高的电解液。从根本上决定双电层电容器的因素包括电极材料、电极面积、电极表面的浸润性、电极的电场环境和电解液的特性。双电层电容器的电极材料通常具有高孔隙率,因此在多孔表面的双电层行为就更加复杂,在很细小的孔中,双电层的尺寸与有效孔的宽度有可比性,因此,在后来的研究中,引入扩散层的概念,即双电层是由亥姆霍兹层电容和扩散层电容串联而来,如式(1-2)所示,C_{dl} 是双电层电容,C_H 是亥姆霍兹层电容,C_{diff} 是扩散层电容,电容如果再考虑电极一侧的空间电荷层,那么双电层电容则由空间电荷层电容 C_{SC}、亥姆霍兹层电容 C_H 和扩散层电容 C_{diff} 三部分串联而成[14-16],如式(1-3)所示。

$$C_{dl} = \int \frac{\varepsilon_0 \varepsilon}{4\pi\delta} ds \tag{1-1}$$

$$\frac{1}{C_{dl}} = \frac{1}{C_H} + \frac{1}{C_{diff}} \tag{1-2}$$

$$\frac{1}{C_{dl}} = \frac{1}{C_H} + \frac{1}{C_{diff}} + \frac{1}{C_{SC}} \tag{1-3}$$

高功率密度是超级电容器相对于其他储能器件最大的优势,如何在保持功率密度的同时,提升超级电容器的能量密度是该领域的核心研究方向。功率密度如式(1-4)所示,式中 $V(V)$ 为最大电压,$R(\Omega)$ 为串联电阻,$P(W)$ 为功率,从静电电荷存储机理可知:串联电阻不包括任何氧化还原反应电荷交换产生的电荷传递阻抗,因此,这个串联电阻小于电池中的阻抗,也因为这个原因,超级电容器的功率密度要高于蓄电池的功率密度;最大能量密度如式(1-5)所示,式中 $U(V)$ 为最大电压,$C(F)$ 为电容,$E(J)$ 为能量密度,超级电容器的电荷存储在电极与电解液的界面,而电池的能量存储在氧化还原反应内部的化学键中,故而超级电容器可实现快速充放电,能量在短时间内得到补充[14-17]。

$$P = \frac{V^2}{4R} \tag{1-4}$$

$$E = \frac{1}{2CU^2} \tag{1-5}$$

1.3.2　赝电容器工作原理

赝电容器(Pseudocapacitor)是利用材料表面快速且可逆的氧化还原反应来获得电容值,从这个角度看,赝电容器与电池具有一定的相似之处。也是因为这个原因,使得赝电容器的循环稳定性较双电层电容器有所下降[18,19]。目前,MoO_2、RuO_2、PbO_2、Fe_3O_4 和 NiO_x 是研究比较广泛的赝电容材料,与双电层电容器相比,以这些氧化物为活性物质制备得到的电极材料表现出较高的储能能力,图 1-5 所示是以四甲基哌啶氮氧化物(TEMPO)为氧化还原活性电解质的一个赝电容体系,可逆的氧化还原反应为电容值来源[20-22]。

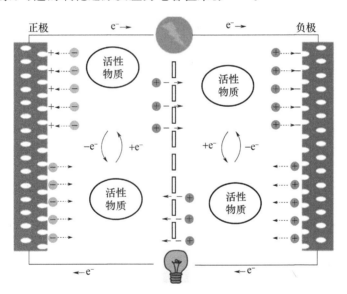

图 1-5　赝电容器电荷存储机制原理图

赝电容器的电容值可用式(1-6)来计算,其中 C_{cell} 为赝电容值,C_+ 为正极的比容量,C_- 为负极的比容量,从式(1-6)可看出正负极的比容量值决定了赝电容值的大小。在双电层电容器中,正极与负极的比容量近似相等,然而在赝电容器中,非极化的法拉第电极展现出来的比容量(C_+)远高于可极化的非法拉第电极(C_-)的比容量,因此,赝电容器的电容值绝大多数来源于 C_+($C_+ \gg C_-$)[12,15-18,21]。

$$\frac{1}{C_{cell}} = \frac{1}{C_+} + \frac{1}{C_-} \tag{1-6}$$

通常考虑到赝电容材料在电化学反应过程中的机制,其涉及电极材料的表面和内部,而质子的扩散过程和电荷转移过程则必须依靠材料中的孔结构来实现,因此,将赝电容器电极材料与碳基材料复合来制备复合电极材料是开发和研制赝电容器的首选之路,例如:氧化钌是研究最早和最广泛的赝电容电极材料,虽然薄的氧化钌层能达到高的比容量,但是随着氧化钌厚度增加,其电容性能却显著下降,若使用高弹性的碳纳米管作为电极材料的组分时,电容器在经过长时间循环充放电后其活性物质的力学性能也没有明显下降;还可以利用某些富含杂原子(氮或氧)的碳材料来提供额外的法拉第反应,不降低电导率的适量氮不仅能够提高电容量,而且能够改善电极在水介质中的润湿性。总之,将具有赝电容性质的电极材料与碳基材料相结合,是新一代超级电容器发展的必然趋势,本书将在第5~8章分别结合具体实验介绍不同赝电容材料与碳纤维复合制备得到的电极材料的电化学性能。

1.4 超级电容器的应用

超级电容器缘何担当得起"超级"二字,原因有以下三点:① 传统电容器在制作过程中即将导体材料卷制很长,目的是为了获得更大的工作面积,从而获得更大能量,而超级电容器在材料制备阶段即可实现材料的高比表面积及可控的孔隙率和孔径比,实现"小身材大作为";② 基于材料的特殊性,超级电容器电荷存储能力远超传统电容器,存储电荷的面积越大,工作过程中分离出的电荷越密集,真正实现"超大容量"存储;③ 传统电容器两极板间是宏观距离,而超级电容器两极的放电距离是微米级甚至是纳米级,庞大的表面积加上非常小的放电距离,使得超级电容器达到惊人的电容存储量[6-10,14-17]。各种类型的电容器具有不同的优点,将其高效结合可在能源存储和利用领域发挥作用(图1-6)。

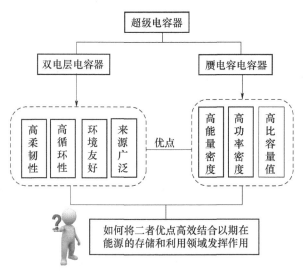

图 1-6　两种类型超级电容器的优点

1.4.1 交通领域

在新能源汽车领域,超级电容器可与二次电池配合使用,实现储能并保护电池的作用。通常超级电容器与锂离子电池配合使用,二者完美结合形成了性能稳定、节能环保的动力汽车电源,可用于混合动力汽车及纯电动汽车。锂离子电池解决的是汽车充电储能和为汽车提供持久动力的问题,超级电容器的使命则是为汽车启动、加速时提供大功率辅助动力,在汽车制动或怠速运行时收集并存储能量。超级电容器在汽车减速、下坡、刹车时可快速回收并存储能量,将汽车在运行时产生的多余的、不规则的动力安全转化为电池的充电能源,保护电池的安全稳定运行;启动或加速时,先由电池将能量转移入超级电容器,超级电容器可在短时间内提供所需的峰值能量,这意味着当汽车需要能量爆发时,它们将比电池更好。目前,在降低化石源使用率的呼声下,全球大多数汽车生产厂商积极推进新能源车和混合动力车的研发,而无一例外的是在动力存储和循环系统的开发中,均把目光投向了超级电容器的研发与应用,例如丰田雅力士混合动力 Hybrid-R 概念车和马自达的 i-ELOOP 系统已经成功将超级电容器与锂电结合,各取所长,在兼顾绿色环保的理念下不降低汽车的使用感和操纵感,而新能源汽车领域的领头羊特斯拉已经"先行一步",收购了超级电容和电池组件制造商 Maxwell,以期能更好更全面地服务于公司新能源汽车的研发与制造。

与汽车、航空等交通方式相比,轨道交通运输具有运量大、定时、安全、环保、节能等显著优点。在全球倡导保护环境、防止地球变暖的今天,轨道交通环保、节能的优点已越来越受到人们的重视,大力发展轨道公共交通已成为世界各国的共识。从 20 世纪 80 年代开始,随着电力电子技术的飞速发展,交流牵引传动技术开始在轨道交通车辆上得到应用,并迅速得到普及。轨道交通车辆采用交流传动技术后,再生制动成为列车常用制动时的主要制动方式,由于再生制动能量可供相同供电区间内的其他运行状态的列车利用,这就进一步降低了列车的运行能耗,使轨道交通在节能运行方面的优势越发突出。

1.4.2　工业领域

理想的供电电压应该是纯正弦波形,具有标称的幅值和频率。然而,由于供电电压的非理想性、线路的阻抗、供电系统所承受的各种扰动、负荷的时变性与非线性等,供电电压常常呈现各种各样的电能质量问题。在所有的这些电能质量问题中,电压暂降和电压短时中断对用电设备所造成的危害尤其严重,短短几个周期的电压暂降都可能严重影响设备的正常工作。换个角度考虑,电压暂降和短时中断之所以危害很大,是因为很多用电设备对其太过敏感。降低设备对电压暂降和短时中断的敏感度,提高其抗扰动的能力,就可以让用户把损失降到最小,甚至可以完全避免由于电压暂降和短时中断所带来的损失。目前,解决方法主要有加装 UPS 电源、多路供电、加装 DVR(动态电压恢复器)等,存在的困难在于传统储能装置难以快速响应这种电能的暂态波动,而通过加入超级电容器组,就能够较为顺利地解决上述技术难题。因此,作为智能电网系统最核心端口的用户电能质量问题的解决,超级电容器具有广阔的应用前景。

在现代高层建筑中,电梯的耗能仅次于空调。目前大部分电梯采用机械制动的方法,将这部分能量以热的形式散发掉,这不但浪费,而且多余热量使机房温度升高,增加散热的负担和成本。如果能够回收多余的动能及势能,电梯系统真正消耗的能量就只限于电能转换中的损耗和机械损耗。因此,在电梯设计、配置中最迫切需要解决的问题是要全面考虑节能措施。采用节能环保型电梯是未来节能建筑领域的必然趋势。通过分析电梯系统的运动特性,可以发现节能的方向:电梯在升降过程结束时,经常会有制动刹车,产生巨大的制动电流,这是可以回收的;另外,在高层建筑中,电梯和电梯使用者都具有很大的势能,也可以进行回收。由于超级电容器具有大电流充放电等优良的特性,可在电梯系统中作为能量回收装置回收能量。

超级电容器还可以应用于建筑领域的通风、空调、给排水系统中,用作启动装置。另外,超级电容器还可以应用于电站、变流以及铁路系统中,包括电磁阀控制系统、配电屏分合闸、铁路的岔道控制装置等。

1.4.3 新能源领域

自从多晶硅光伏电池问世以来,太阳能光伏发电即得到广泛应用。目前,制约光伏发电技术广泛应用的瓶颈是无法大规模实现并网;在光伏发电的独立运行系统中,储能单元将日照发出的剩余电能储存起来供日照不足或没有日照时使用。因此,在太阳能光伏发电系统中采用超级电容器组将使并网发电更具有可行性。

与太阳能类似,风能是具有随机性的能源,风速变化会导致风电机组输出功率的波动,对电网电能质量产生影响。因此能够实现短时能量存储的小容量储能设备对风力发电具有较高应用价值。超级电容器因其具有数万次以上的充放电循环寿命、大电流充放电特性,能够适应风能的大电流波动,可在风力强劲的条件下吸收能量,在夜晚或风力较弱时放电,从而熨平风电波动,实现有效并网。

1.5 简单电化学性能测试原理

对超级电容器电极(三电极体系)和超级电容器器件(两电极体系)进行性能测试有两种常用技术:暂态技术和稳态技术。

1.5.1 暂态技术

循环伏安(Cyclic Voltammetry)和恒电流充放电(Galvanostatic Charge/Discharge,简称GCD)测试通常使用暂态技术。

循环伏安的测试原理是在电压上下限之间对电极(器件)施加一个线性电压,并测定输出电流值,如式(1-7)所示,式中 v 为扫描速度(V·s^{-1}),V_1、V_2 为电压上下限。测试过程中当达到设定的电压最高值 V_1 时,测试会重新反向扫到 V_2,完成一次伏安测试。

$$V(t) = V_0 + vt \qquad V_0 \leqslant V_1$$
$$V(t) = V_0 - vt \qquad V_0 \geqslant V_2 \qquad (1-7)$$

图 1-7 所示为典型碳纤维材料在不同扫速下的循环伏安曲线示意图,将某一固定扫速下 I-V 曲线面积进行积分,可得到在充、放电过程中超级电容器的电荷量,如式(1-8)所示,v(mV·s^{-1})为扫描速度,V_1 和 V_2 分别为最高电压和最低电压值。在具体求解过程中,常使用质量电容作为电容值的衡量标准,一般使用在测试前明确电极材料质量的方法来得到具体质量电容值,如式(1-9)所示,m(mg)为电极材料的质量[23-25]。

$$Q = \frac{1}{v} \int_{V_1}^{V_2} I(V) \, dV \qquad (1-8)$$

$$C_m = \frac{1}{vm\Delta v} \int_{V_1}^{V_2} I(V) \, dV \qquad (1-9)$$

恒电流充放电测试原理是在电压窗口内以恒定电流对电极材料进行充放电测试,记录时间与电位的变化关系,通过 GCD 曲线可计算出在一系列充放电电流条件下电极材料的电容值。

图 1-8 所示是对典型碳材料所组成的超级电容器单元施加电流时,恒电流充放电曲线的示意图,斜率为正值的曲线表示充电过程,另一条为放电过程,材料的比电容值可通过式(2-1)求解。实际充放电过程中,不可避免会使电极材料出现极化现象,使曲线不能完全对称,如图 1-8 中插图所示。

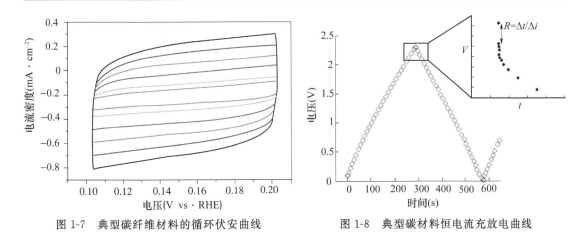

图 1-7　典型碳纤维材料的循环伏安曲线　　图 1-8　典型碳材料恒电流充放电曲线

　　循环稳定性(Cycling Stability)测试与循环伏安测试和恒电流充放电测试都是确定电极材料电化学性能的重要方法,循环稳定性测试方法与 GCD 类似,不同之处在于 GCD 采用测试不同电流密度($A \cdot g^{-1}$)下获得电压值的变化,从而直观得到充放电时间值进而计算比电容值,循环稳定性测试是在固定电流密度下对电极材料进行多次充放电,来计算得到电极材料比容量的保持率,这个值能很直观地反映电极材料的使用寿命,实际测试过程中,依材料特性和实验需求循环次数可做不同设定[24-28]。

1.5.2　稳态技术

　　电化学阻抗(Electrochemical Impedance Spectroscopy,简称 EIS)是可以在较宽的时间量程($\mu s \sim h$)下使用的测试技术,因此可以根据电化学进程的不同将时间常数分成不同的部分。EIS 给电化学系统施加的扰动电信号不是直流电势或电流,而是频率不同的小振幅交流正弦电势波,测量的响应信号是交流电势与电流信号的比值,随正弦波频率的变化,或者是阻抗的相位角随频率的变化,通常称之为系统的阻抗;将电化学阻抗谱技术进一步延伸,在施加小幅正弦电势波的同时,还伴随一个线性扫描电势,这种技术称之为交流伏安法。由于扰动电信号是交流信号,所以电化学阻抗谱也叫交流阻抗谱。

　　电极阻抗可以用两种基本等效电路来描述,图 1-9a 代表双电层电容行为,可以简单描述为一个电阻 R_s 和一个电容 C_{dl} 的串联,R_s 是主要与电解液关联的阻抗,C_{dl} 与电极/电解液界面电荷积累有关,Nyquist 图*如图 1-10a 所示;图 1-9b 代表赝电容行为,可以描述为一个电解质阻抗和一个双电层电容与一个赝电容分支并联而成,其中,赝电容分支是与法拉第过程相关的电荷传递

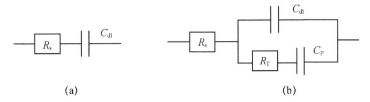

(a)　　　　　　　　　　　　　　(b)

图 1-9　两种基本等效电路(a:双电层电容器,b:赝电容器)

---

　　* Nyquist 图是一种线性控制系统的频率特性图,对于一个连续时间的线性非时变系统,将其频率响应的增益及相位以极坐标的方式绘出。

电阻,Nyquist 图如图 1-10b 所示。在实际研究过程中,由于扩散作用、电极与电解液接触的界面作用和材料特殊性等因素,拟合电路和 Nyquist 图不会一直处于理想状态下[16,20-24]。

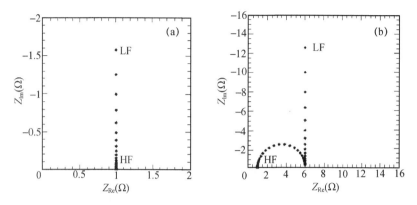

图 1-10　理想状态下的 Nyquist 图(a:双电层电容器,b:赝电容器)

图 1-11 所示为 Randles 电路在半无限扩散条件下的 Nyquist 图,图中可分为高频区(≥100 kHz)、中频区(100 Hz~100 kHz)和低频区(≤100 Hz),图中曲线与实轴的截距表示电极材料内部电阻和电解液中离子扩散所引起的欧姆电阻;从高频区到中频区的准半圆半径表示界面传输电阻和双电层电阻的并联电阻;过渡区表示电极内部的离子扩散导致的 Warbug 阻抗[29-33]。

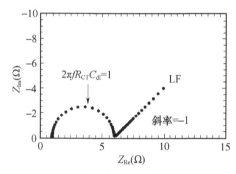

图 1-11　Randles 电路在半无限扩散条件下的 Nyquist 图

1.5.3　能量密度和功率密度

能量密度和功率密度是衡量超级电容器单元电化学性能的重要指标,本书后续具体实验中的能量密度由式(1-10)计算得出,功率密度由式(1-11)计算得出,其中 $E(\mathrm{Wh \cdot kg^{-1}})$ 为能量密度,$P(\mathrm{kW \cdot kg^{-1}})$ 为功率密度,利用式(1-10)和式(1-11)可分别计算得出,$C(\mathrm{F \cdot g^{-1}})$ 为材料的比电容,$\Delta V(\mathrm{V})$ 为 GCD 测试中电压窗口的电势差,$\Delta t(\mathrm{s})$ 为放电时间[17,19-22,26-30]。

$$E = \frac{1}{7.2}C(\Delta V)^2 \tag{1-10}$$

$$P = 3.6\frac{E}{\Delta t} \tag{1-11}$$

1.6　小结

目前,世界各国都投入了巨大的财力、物力和人力发展新型电化学能源转换和存储技术,并取得了很多阶段性成果,其中,超级电容器以高储能值、高循环使用性、温度适应性广和安全性能高等优点表现出了越来越迅猛的发展势头。超级电容器的最大优点在于所存储的电荷远远大于传统电容器,且充放电过程只涉及物理存储电荷过程,故其具有超乎寻常的循环使用性,物理电荷存储过程并不依赖化学反应速率,比如电池的化学反应速率会限制其功率性能,而超级电容器似乎在使用过程中不需要考虑这点。尽管如此,与目前销量好的高功率锂离子电池相比,超级电容器仍然在市场份额上没有优势,若将超级电容器作为电池的补充,应用到需要快速功率变换的领域,那么二者互取所长互补所短,便可缓解目前能源存储和转换领域的燃眉之急。

参考文献

[1] An G H，Ahn H J. Excellent electrochemical stability of graphite nanosheet-based interlayer for electric double layer capacitors[J]. Appl Surf Sci, 2019, 473：77-82.

[2] Zuo Q, Zhang Y, Zheng H, et al. A facile method to modify activated carbon fibers for drinking waterpurification[J]. Chem Eng J, 2019, 364：175-182.

[3] Jia H Y, Sun J W, Xie X, et al. Cicada slough-derived heteroatom incorporated porous carbon for supercapacitor：Ultra-high gravimetric capacitance[J]. Carbon, 2019, 143：309-317.

[4] Fu M, Chen W, Ding J X, et al. Biomass waste derived multi-hierarchical porous carbon combined with $CoFe_2O_4$ as advanced electrode materials for supercapacitors[J]. J Alloys Compd, 2019, 782：952-960.

[5] Scott B, Peterson J A, Whitacre J F. Lithium-ion battery cell degradation resulting from realistic vehicle and vehicle-to-gridutilization[J]. J Power Sources, 2010, 195：2385-2392.

[6] Zhou J, Guo M, Wang L L, et al. 1T-MoS₂ nanosheets confined among TiO₂ nanotube arrays for high performance supercapacitor[J]. Chem Eng J, 2019, 366：163-171.

[7] Yu M, Huang Y, Li C, et al. Building Three-Dimensional Graphene Frameworks for Energy Storage and Catalysis[J]. Adv Funct Mater. 2015, 25(2)：324-330.

[8] Guo P, Wang L. A review of electrode materials for electrochemical supercapacitors[J]. Chem Soc Rev, 2012, 41：797-828.

[9] Simon P, Gogotsi Y, Dunn B. Where Do Batteries End and Supercapacitors Begin[J] Science, 2014, 343：1210-1211.

[10] Abdelkader A M. Electrochemical synthesis of highly corrugated graphene sheets for high performance supercapacitors[J]. J Mater Chem A, 2015, 3(16)：8519-8525.

[11] Yu Z, Duong B, Abbitt D, et al. Highly Ordered MnO₂ Nanopillars for Enhanced Supercapacitor Performance[J]. Adv Mater, 2013, 25(24)：3302-3306.

[12] Chung J, Hung P L, Tseung Y T. Electrophoretic fabrication and pseudocapacitive properties of graphene-manganese oxide-carbon nanotube nanocomposites[J]. J Power Sources, 2013, 243：594-602.

[13] Zhai Y, Dou Y, Zhao D, et al. Carbon materials for chemical capacitive energy storage[J]. Adv Mater, 2011, 23：4828-4850.

[14] Yoo H D, Markevich E, Salitra G, et al. On the challenge of advanced technologies for electrochemical energy storage and conversion[J]. Mater Today, 2014, 17：110-121.

[15]Ma S, Wang Y X, Liu Z Y, et al. Preparation of carbon nanofiber with multilevel gradient porous structure for supercapacitor and CO₂ adsorption[J]. Chem Eng Sci, 2019, 205：181-189.

[16] Simon P, Gogotsi Y, Dunn B, Where do batteries end and supercapacitors begin[J]. Science, 2014, 343: 1210-1211.

[17] Ma S, Wang Y X, Liu Z Y, et al. Preparation of carbon nanofiber with multilevel gradient porous structure for supercapacitor and CO$_2$ adsorption[J]. Chem Eng Sci, 2019, 205: 181-189.

[18] Zhai Y P, Dou Y Q, Zhao D Y, et al. Carbon materials for chemical capacitive energy storage[J], Adv Mater, 2011, 23: 4828-4850.

[19] Wang W Q, Xiao Y, Li X W, et al. Bismuth oxide self-standing anodes with concomitant carbon dots welded graphene layer for enhanced performance supercapacitor-battery hybrid devices[J]. Chem Eng J, 2019, 371: 327-336.

[20] Wu X M, Huang B, Wang Q G, et al. Thermally chargeable supercapacitor using a conjugated conducting polymer: Insight into the mechanism of charge-dischargecycle [J]. Chem Eng J, 2019, 373: 493-500.

[21] Liang C, Li Z, Dai S, Mesoporous carbon materials: synthesis and modification[J]. Angew Chem Int Edit, 2008, 47(20): 3696-3717.

[22] Yu X, Zhao J, Lv R, et al. Facile synthesis of nitrogen-doped carbon nanosheets with hierarchical porosity for high performance supercapacitors and lithium-sulfur batteries[J]. J Mater Chem A, 2015, 3(36): 18400-18405.

[23] Fuertes A B, Sevilla M. Hierarchical microporous/mesoporous carbon nanosheets for high-performance-supercapacitors[J]. ACS Appl Mater Inter, 2015, 7(7): 4344-4353.

[24] Zhang L, Guo H, Rajagopalan R, et al. One-step synthesis of a silicon/hematite @ carbon hybrid nanosheet/silicon sandwich-like composite as an anode material for Li-ion batteries[J]. J Mater Chem A, 2016, 4(11): 4056-4061.

[25] Chang Y, Antonietti M, Fellinger T P. Synthesis of nanostructured carbon through ionothermal carbonization of common organic solvents and solutions[J]. Angew Chem Int Edit, 2015, 54(18): 5507-5512.

[26] Wu X L, Wen T, Guo H L, et al. Biomass-derived sponge-like carbonaceous hydrogels and aerogels for supercapacitors[J]. ACS Nano, 2013, 7(4): 3589-3597.

[27] Hammud H H, Shmait A, Hourani N. Removal of malachite green from water using hydrothermally carbonized pine needles[J]. RSC Adv, 2015, 5(11): 19968-19979.

[28] Zhang H, Wang Y, Wang D, et al. Hydrothermal transformation of died grass into graphitic carbon-based high performance electrocatalyst for oxygen reduction reaction [J]. Small, 2014, 10(16): 3371-3378.

[29] Titirici M M, Thomas A, Yu S H, et al. A direct synthesis of mesoporous carbons with bicontinuous pore morphology from crude plant material by hydrothermal carbonization[J]. Chem Mater, 2007, 19(17): 4205-4212.

[30] Liu S, Tian J, Wang L, et al. Hydrothermal treatment of grass: a low-cost, green route to nitrogen-doped, carbon-rich, photoluminescent polymer nanodots as an effective fluorescent sensing platform for label-free detection of Cu(II) ions[J]. Adv Mater, 2012, 24(15): 2037-2041.

[31] Prasannan A, Imae T. One-pot synthesis of fluorescent carbon dots from orange wastepeels[J]. Ind Eng Chem Res, 2013, 52(44): 15673-15678.

[32] Ma Q, Yu Y, Sindoro M, et al. Carbon-based functional materials derived from waste for water remediation and energy storage[J]. Adv Mater, 2017, 29(13): 1605361.

[33] Wang H, Yoshio M, Thapa A K, et al. From symmetric AC/AC to asymmetric AC/graphite, a progress in electrochemicalcapacitors[J]. J Power Sources, 2007, 169(2): 375-380.

第2章 超级电容器材料

2.1 引言

目前在超级电容器研究领域,普遍按电容器性质将电极材料分为两类,即双电层电容器材料的典型代表碳基材料和以金属氧化物与导电聚合物为代表的赝电容电极材料,本章将分别介绍两类电极材料的特点及研究进展。

2.2 双电层电容器电极材料

碳是神奇的六号元素,在化学反应中不易得失电子,趋于形成特有的共价键,这种特殊性质使碳元素能够形成从小分子到长链大分子等各类化学物质,从而使其在各类化学反应中扮演重要角色。自然界众多材料中,碳材料是双电层电容器的首选。目前对碳材料的主要研究是进行有针对性的改性研究,例如在制备过程中对孔结构进行调控、通过对碳材料表面进行改性实现材料亲水/疏水性的改变和在制备过程中掺杂不同的杂原子或者官能团实现对某些化学反应的功能化调控等。碳原子 $1s^2 2s^2 2p^2$ 的核外电子排布,使碳原子可以形成单键、双键和三键三种不同类型的化合键,这种多样性的化合键来源于碳元素能以 sp^3(形成单键,空间四面体构型)、sp^2(形成双键,平面三角形)和 sp(形成三键,直线形)三种不同的杂化方式与周围的元素成键,正因为碳有如此灵活多变的价键变化,在碳材料的制备过程中才可以实现其维度、硬度、形态和孔结构的多样性[1-3]。

经过多年发展,在有机分子和天然碳材料之间的空白部分已经被一系列具有特殊性质和广阔应用前景的新型碳纳米材料所填补,并广泛应用于纳米复合材料,电子器件,能源收集、储存和转换,传感,吸附,净化和催化等领域。这些应用严重依赖于纳米碳材料的微观结构、微观形貌以及一些特定的物化性质。下面将按着碳材料的维度对每种碳材料的特性、制备方法和在电化学领域中的应用做简单介绍。

2.2.1 (准)零维碳材料

需要说明的是,这里提到的(准)零维碳材料是由于它们的球形结构,而不是物理学中严格从尺寸上的定义。当制备的纳米碳材料足够小时(2~10 nm),它们就会产生较强的荧光效果,而这些碳纳米粒子就被称为碳量子点(Carbon quantum dots,CQD)或者碳球。如今,通过精确控制制备过程可得到单分散的碳球,而"球"一词被作为碳材料研究领域的通用术语,用作描述具有球形的高度分散性碳材料碳量子点又被称为碳点或者碳纳米点,2004年,美国南卡罗来纳大学的 Scrivens 等在制备单壁碳纳米管时偶然发现了这种结构,该结构是由几个原子组成的直径为 2~10nm 的准零维纳米结构,主要组成元素为碳,也有少量氧和氮。与传统半导体量子点类似,CQD 具有界面效应、小尺寸效应、量子尺寸效应和宏观量子隧道效应。碳家族中的这位新成员不仅保持了碳材料的低毒性、生物相容性、抗酸碱性和双亲性等优点,还具有发光范围可调、双光子吸收截面大、光稳定性好、无光闪烁和易于功能化等优势。作为拥有如此多特性的新一代纳米材料,碳量子点已被广泛应用于催化、生物成像、生物医学、药物传输和分析检测等众多领域,碳量子点合成方法多样且原料来源广泛,近些年的研究热度一直有增无减。

富勒烯(Fullerene)是单质碳被发现的第三种同素异形体,任何以球状、椭圆状或者管状结构存在的物质,都可以称作富勒烯。如果单纯从尺寸上来讲,富勒烯会比碳量子点要"大"一些,1985 年 9 月,英国萨塞克斯大学的克罗托(Sir Harold Walter Kroto)和美国赖斯大学的科尔(Robert F. Curl, Jr.)及斯莫利(Richard E. Smalley)开启了碳原子团簇实验,采用石墨为靶向目标时,在特定的情况下,得到的几乎全是由 60 个碳原子组成的 C_{60},并且稳定性极佳,其命名与著名建筑师巴克敏斯特·富勒(R. Buckminster Fuller)有关,分子结构模型为:12 个五边形和 20 个六边形,每个角的顶点均为碳原子,由于 C_{60} 自身具有一个大 π 键,其最高占据分子轨道能够可逆地接受 6 个电子,因此 C_{60} 在电化学领域的应用也得到了广泛研究。早在 2008 年,Bushueva[4]研究发现,碳纳米量子点(CNOs)在酸性和碱性电解液中都可以有一定的电容表现,比电容值分别为 20~40 $F \cdot g^{-1}$ 和 70~100 $F \cdot g^{-1}$,但是比电容值偏低严重限制了 CNOs 在超级电容器材料开发中的应用,如何提高 CNOs 的比电容值成为此材料开发研究的重点;Olariu[5]利用 KOH 活化法来提高 CNOs 的电化学性能,实验证实,经活化后,CNOs 的比电容值提升至 122 $F \cdot g^{-1}$,功率密度为 153 $kW \cdot kg^{-1}$,能量密度为 8.5 $Wh \cdot kg^{-1}$;Mohapatra[6]先将 CNOs 氧化,然后利用极性羧基官能团来提高材料存储电荷的能力,实验结果表明,经修饰 CNOs 后比电容值从原来的 45 $F \cdot g^{-1}$ 提升至 334 $F \cdot g^{-1}$。

2.2.2 一维碳纳米管

一维碳纳米管(Carbon nanotube,CNT),又称巴基管,是一种具有特殊结构的由纯碳元素组成的一维纳米材料。1991 年,日本科学家 Iijima 在考察电弧蒸发后在石墨阴极上形成的硬质沉积物时,通过高分辨电子显微镜观察发现,阴极形成的炭黑中含有一些直径为 4~30nm,长 1μm 左右,由 2~50 个同心管组成的针状物质,即为碳纳米管。碳纳米管管壁是一个由碳原子通过 sp^2 杂化与周围 3 个碳原子键合,由此构成六角形网络平面围成的圆柱面,但由于碳纳米管中六边形网络结构会产生一定弯曲,形成空间拓扑结构,因此可形成少量的 sp^3 杂化键。根据围成碳纳米管圆筒石墨层的层数,可将碳纳米管分为单壁碳纳米管(single-walled carbon nanotube,SWNT)和多壁碳纳米管(multi-walled carbon nano tube,MWNT),碳纳米管的直径由 SWNT 的零点几纳米到 MWNT 的几十纳米。碳纳米管的纵横比常超过 10000,因此,碳纳米管被视为最具各向异性的材料[7,8]。

近年来,碳纳米管在超级电容器领域中的应用也得到了长足的发展。1997 年,Niu[9]利用催化生长的方法制备高纯度和直径分布均匀的 CNT 作为超级电容器材料并研究其电化学性能,实验证明,在酸性电解质的体系中,材料的比电容值为 49~102 $F g^{-1}$,比能量值不低于 8000 $W \cdot kg^{-1}$;Kaempgen[10]利用喷涂法将单壁碳纳米管制备成网状电极并组建器件,在水凝胶体系中,能量密度和功率密度分别为 6 $Wh \cdot kg^{-1}$、23 $kW \cdot kg^{-1}$,在有机电解质体系中,能量密度和功率密度分别为 6 $Wh \cdot kg^{-1}$,70 $kW \cdot kg^{-1}$;Kong 等[11]将 V_2O_5 纳米片封装进 CNT 中,得到电缆结构复合物,作为锂离子电池正极,复合物表现出优异的柔韧性和稳定的储锂性能,在充放电倍率 0.1 C 下,可逆比容量为 224 $mAh \cdot g^{-1}$,当充放电倍率升至 10 C,比容量仍高达

90 mAh·g⁻¹，容量保持率为 99.96％(200 次循环后)，将材料组成全电池，在 15.2 kW·kg⁻¹的功率密度下，可获得 360 Wh·kg⁻¹的能量密度。

2.2.3　一维碳纳米纤维

纤维对人类来讲并不陌生，自人类知道穿衣遮体开始，便开始关注如何使用纤维，最初主要通过植物和动物获取棉、麻、毛和丝绸等天然纤维，随着化学工业和高分子材料的发展，越来越多的纤维被按着人类的意愿制造出来，不仅满足了穿衣取暖类的基本生活需求，而且被广泛应用到环境、能源、光电、生物、军事和建筑等各个领域。在广大纤维家族中，最值得一提的就是一维碳纳米纤维(Carbon nanofibers，CNFs)，其是一种高强度的富碳纤维，含碳量可高达95％，直径一般在 10～500 nm，是介于碳纳米管和普通碳纤维之间的准一维碳材料，CNFs 除了具有化学气相沉积法生长的普通碳纤维低密度、高比模量、高比强度、高导电和良好的热稳定性外，还具有缺陷数量少、长径比大、比表面积大等优点[12,13]。

碳纤维的微观结构是类似于乱层结构的石墨材料，但其平面内的碳原子发生了一定程度的平移和转动，片层之间也发生了一定程度的交叉，由此增强了碳纤维的强度。目前，具有各项优异性能的碳纤维正向多功能方向发展，例如具有良好的力学性能、热学性能、光学性能和电磁性能，碳纤维因具有多项优异性能，如高比强度、耐疲劳及高模量，在复合材料领域中逐渐占据主导地位，诸多研究领域的前沿均可找到碳纤维的存在，如锂离子电池、钠离子电池、超级电容器、太阳能电池、光催化和光解水等，更在能源、国防及航空航天领域中获得越来越多的青睐[12,13]。

东华大学俞建勇和丁彬课题组开发了一种基于水系静电纺方法和宏观-微观双相分离技术，制备具有高孔隙率和高电导率的柔性三级孔隙结构碳纳米纤维膜，这种特殊孔隙结构降低了离子、分子以及颗粒等物质的传输阻力，因此在气体吸附、污水处理、液体存储、超级电容器和电池等应用领域表现出多功能性，用此纤维膜制备的全碳对称型超级电容器具有较高的功率密度(3.9 kW·kg⁻¹)和能量密度(42.8 Wh·kg⁻¹)，用作硫电极时，锂硫电池在 1 C 电流充放电情况下，比容量达到 1200 mAh·g⁻¹；该课题组还制备具有优异柔韧性、高比表面积及良好电化学性能的多孔碳纳米纤维膜，并以该材料作为自支撑电极制备超级电容器，其比电容最高为 343 F·g⁻¹，且经循环充放电 10000 次后，比电容仍可保持初始值的 97％，由该材料制备的柔性电极在经受 1000 次弯折后，仍可保持其 94.6％的初始比电容，体现了优良的力学稳定性[14,15]；Li 等[16]以金属-有机骨架 ZIF-67 和含有硫脲的聚丙烯腈前驱体为原料，电纺法制备了N、S 掺杂的柔性层状多孔碳多面体(NSCPCNF)，由于 N、S 双掺杂在提高材料比表面积的同时，也改善了材料的电荷转移能力，三电极体系下，NSCPCNF 在 1mol·L⁻¹的 H₂SO₄电解质中，1 A·g⁻¹的电流密度下，比电容为 396 F·g⁻¹，两电极体系下，NSCPCNF 在电流密度为 0.5 A·g⁻¹下的比电容达到 103 F·g⁻¹，功率密度为 250 W·kg⁻¹时，能量密度达到 14.3 Wh·kg⁻¹，且循环稳定性表现不俗。

2.2.4　二维石墨烯

2004 年，石墨烯的问世使其成为目前已知材料中最薄的二维材料(0.335 nm)，石墨烯(Graphene)是一种由碳原子以 sp² 杂化轨道组成的单层二维碳纳米材料，通常在概念上被认为是构成多种碳同素异形体的基本单元，它可以堆叠成三维石墨，也可以卷曲成一维碳纳米管，还可弯曲融合形成零维富勒烯。由于石墨烯具有强烈的非局部化的电子排布，所以石墨烯具有优异的载流子迁移率、热导率、机械强度和稳定的化学性质。石墨烯在超级电容器、透明导体、传感器、发射器和多相催化等研究领域的应用依赖于其微观尺寸和微观结构,尽管石墨烯的原子结构比较简单,但仍然是纳米碳材料家族中的新成员[17,18]。

基于石墨烯的诸多性能,在能量储存和转化、生物医学和高新材料制备等方面石墨烯都具有优异的表现。2007 年,Rodney S[19]用还原氧化法制备还原氧化石墨烯(RGO),从纳米尺度上讲,这种由石墨烯薄基片组成的碳基材料,具有相当高的比表面积,因此,RGO 可以广泛应用于各种储能和导电材料;Jia[20]提出零维(多孔碳球)及二维(石墨烯)多级复合纳米结构设计,发挥石墨烯和多孔碳球的协同效应,提高材料电化学活性,该复合材料兼具两种材料的优点,具有 3182 $m^2 \cdot g^{-1}$ 的超高比表面积和 1.93 $cm^3 \cdot g^{-1}$ 的大孔隙率;Lin[21]等研制出"氮掺杂有序介孔石墨烯"超级电容器,得益于氮掺杂诱生有效的氧化还原反应,使电极材料在水溶液体系下实现快速充放电,同时比容量高达 855 $F \cdot g^{-1}$,能量密度 41 $Wh \cdot kg^{-1}$,功率密度 26 $kW \cdot kg^{-1}$;Li[22]制备了嵌入石墨烯纳米片的空心 N 掺杂碳纳米纤维无纺布作为超级电容器的集成电极,实验结果表明,电极材料碳化后石墨烯纳米片可自由膨胀并连接相邻的碳纳米纤维,从而增加了电容界面的电导率,在三电极体系中,1 $A \cdot g^{-1}$ 的电流密度下比电容值为 249 $F \cdot g^{-1}$,且在 5000 次循环后电容保持率仍居高位;Wang[23]利用聚合物吹糖的方法合成固定在石墨支撑架上的 3D 石墨烯气泡网,这样的拓扑结构类似发达的交通网络,给电子传输创造有利条件,将所制备材料用于超级电容器的搭建,在 1 $A \cdot g^{-1}$ 的电流密度下比电容值为 250 $F \cdot g^{-1}$,阻抗图谱显示其阻抗值为 0.23 Ω,验证了优异的电子传输特性。

2.2.5 石墨、无定形碳材料

石墨类碳材料主要指各种石墨以及石墨化的碳材料,包括天然石墨、人工石墨和改性石墨。天然石墨与人工石墨相比有容量高和成本低的优点,但天然石墨也有弊端,例如在电池制造领域中,天然石墨容易发生溶剂共嵌入,从而引起充放电过程中石墨层的逐渐剥落,继而石墨粒在体系中发生崩裂和粉化,对电池的循环性能造成不利影响,所以在电池制备过程中,一般会通过一定的化学手段将天然石墨的表面进行氧化、镀铜或者碳包覆等改性手段制得改性石墨来提高电池的使用性能和循环性能[2,17]。无定形碳材料也是由石墨微晶构成的,碳原子之间以 sp^2 杂化的方式结合,但是结晶度较低,同时石墨片层的组织结构不像石墨那样规整有序,所以宏观上不呈现晶体的性质,常规上根据无定形碳材料石墨化程度的难易可将其分为易石墨化碳和难石墨化碳两种:软碳又称易石墨化碳,是指在 2500 ℃ 以上的高温下可以石墨化的无定形碳,常见的软碳包括焦炭和非石墨化中间相碳微球等;难石墨化碳也称为硬碳,是在 2500 ℃ 以上的高温下也难以石墨化的高分子聚合物的热解碳,是由固相直接碳化而成。

东华大学俞建勇院士[24]、复旦大学赵东元院士[25]、北京大学刘忠范院士[26]、北京化工大学邱介山教授[27]、天津大学赵乃勤教授[28]分别针对多孔碳纳米纤维、活性炭、炭黑、生物质炭、石墨碳和煤源石墨碳进行超电性能研究,结果表明,碳基材料虽然来源广泛且廉价易得,但其充放电过程仅涉及离子在电极材料表面的吸脱附物理过程,因此在具有高功率密度和高循环性能的同时存在比容量低的缺点;在上述研究成果中,赵东元院士[25]在有机介质体系下研究碳材料的超电性能,比电容值在 $100 \sim 300$ $F \cdot g^{-1}$ 之间,刘忠范院士[26]、邱介山教授[27]和赵乃勤教授[28]均以石墨碳为研究主体,超电容体系下最大比容量为 38.2 $F \cdot cm^{-3}$,最大能量密度和功率密度为 2.65 $mWh \cdot cm^{-3}$ 和 20.8 $W \cdot cm^{-3}$,俞建勇院士[24]制备的碳纤维膜在超电体系下表现出较高的功率密度 3.9 $kW \cdot kg^{-1}$ 和能量密度 42.8 $Wh \cdot kg^{-1}$。

2.3 赝电容器电极材料

受制于电荷存储原理,碳基材料在具备诸多优点的同时,比容量低也是其不可回避的缺点。除了静电作用力,快速的法拉第反应可以大幅提升电极材料的电容值,在具体法拉第反应过程中,电荷转移与电压成正比,此效应即法拉第赝电容效应,下面将分两类介绍具有法拉第赝电容特性的电极材料。

2.3.1 氧化还原型金属氧化物

金属氧化物,例如 RuO_2、MnO_2、PbO_2、Fe_3O_4 和 NiO_x 等,在电化学反应过程中利用其表面可发生的快速氧化还原反应,可获得很强的赝电容行为。由于此类材料的比容量往往远超碳材料所构成的双电层电容器,所以众多研究者期望其在具有高比容量的同时,兼具双电层电容器的某些特点,例如长循环寿命,由于在具体能量存储过程中金属氧化物发生的反应类似于电池,所以稳定性差和循环稳定性低成为金属氧化物电极材料在具体使用过程中遇到的壁垒。对于此类问题的解决,广大研究者也做了很多针对性的研究,其中将金属氧化物与其他材料制备得到复合材料或者设计非对称电容器成为较行之有效的策略。金属钌(Ru)、氧化钌(RuO_2)和水合物形式氧化钌($RuO_2 \cdot xH_2O$)是可追溯研究时间较早和研究热点较多的赝电容器材料,在赝电容值、电化学可逆性和循环性能等方面都较其他材料高出一筹,可以从式(2-1)电荷存储机制中探明原因,$RuO_2 \cdot xH_2O$ 具有较高的离子和电子电导率,因此更容易参加电化学过程中的质子化作用。2008 年,Zheng[29] 等将 RuO_2-TiO_2 作为正极,活性炭为负极组成非对称电容器,以 KOH 为电解液,在 0~1.4 V 的电压窗口下可获得 150 $W \cdot kg^{-1}$ 的功率密度和 12.5 $Wh \cdot kg^{-1}$ 的能量密度;Ryu[30] 等将 RuO_2 与多孔碳纳米纤维制备成复合材料,其比电容值高达 1000 $F \cdot g^{-1}$。

$$RuO_2 + \delta H^+ + \delta e^- \rightleftharpoons RuO_{2-\delta}(OH)_\delta \qquad (0 \leqslant \delta \leqslant 1) \qquad (2\text{-}1)$$

氧化镍在作为赝电容器材料的研究过程中表现出了优良的电化学行为,如式(2-2)所示,对其在工作过程中的电化学原理做了阐述,式中 z 表示电化学反应过程中 Ni 的活性位点。Shi[31] 与其同事将镍与稀有金属(Nd、Pr、Ce、La)组成的复合氧化物为正极,活性炭为负极组成非对称电容器,在离子液体中,较宽的电化学窗口下,500 次循环后能量密度和功率密度高达 50 $Wh \cdot kg^{-1}$ 和 458 $W \cdot kg^{-1}$;Guan[32] 制备了 $NiCo_2S_4$ 颗粒并与阴极活性炭组成二电极体系,在电容量、器件的功率容量和能量密度上都表现出色,当电流密度分别为 2 $A \cdot g^{-1}$、5 $A \cdot g^{-1}$、10 $A \cdot g^{-1}$ 和 20 $A \cdot g^{-1}$ 时,比电容值分别为 1016 $F \cdot g^{-1}$、970 $F \cdot g^{-1}$、880 $F \cdot g^{-1}$ 和 802 $F \cdot g^{-1}$;Tian[33] 制备 Ni-MOF 覆盖的 PAN 基碳纤维,二电极体系下功率密度和能量密度分别达 1500.1 $W \cdot kg^{-1}$ 和 51.4 $Wh \cdot kg^{-1}$。

$$NiO + zOH^- \rightleftharpoons zNiOOH + (1-z)NiO + ze^- \qquad (2\text{-}2)$$

氧化铅(PbO_2)具有价格低廉、适应性广和储能能力高等优点,因此是非常有前景的一类赝电容电极材料。最早提出非对称超级电容器技术的是俄罗斯的 Eskin 和 ESMA 公司,在 H_2SO_4 电解液中,这种非对称电容器由 PbO_2 和 $PbSO_4$ 制备得到的正极材料和活性炭负极材料所组成,正极反应如式(2-3)所示,负极反应如式(2-4)所示,由于负极用高比表面积的活性炭替代 Pb,这样可起到吸收和释放溶液中质子(H^+)的作用,这样的电容器比能量值与铅酸电池接近,但是循环使用性和功率密度却得到了很大程度的提高。

$$PbO_2 + 4H^+ + SO_4^{2-} + 2e^- \rightleftharpoons PbSO_4 + 2H_2O \qquad (2\text{-}3)$$

$$nC_6^{x-}(H^+)_x \Longleftrightarrow nC_6^{-(x-2)}(H^+)_{x-2} + 2H^+ + 2e^- \qquad (2\text{-}4)$$

MnO_2 也是一种深受欢迎的赝电容器电极材料,其在电化学反应过程中的电荷存储机制主要通过质子的嵌入和脱嵌来实现,如式(2-5)所示,根据电解液的不同,MnO_2 也可以通过吸附电解液中的正离子(Li^+、Na^+ 和 K^+ 等)来展示其赝电容特性,如式(2-6)所示。但是由于质子或者阳离子在 MnO_2 体相中的迁移具有一定的难度,导致电极材料中的活性成分只有部分在电化学反应过程中得到了利用,所以在一定程度上其赝电容存储机制受到了限制。为了提高 MnO_2 的比容量,研究者们采取了各种方法对材料结构进行改进,其中包括 MnO_2 的表面改性、制备二元含 Mn 氧化物和 MnO_2 电极材料的纳米化处理等方法。

$$MnO_2 + H^+ + e^- \leftrightarrow MnOOH \qquad (2\text{-}5)$$
$$MnO_2 + X^+ + e^- \leftrightarrow MnOOX \qquad (2\text{-}6)$$

2.3.2 导电聚合物

导电聚合物顾名思义,指能够导电的有机聚合物,具有良好的电子导电性、内阻小和比容量大等优点。典型的聚合物包括聚苯胺(PANI)、聚吡咯(PPy)、聚对苯(PPP)、聚乙烯二茂铁(PVF)和聚噻吩(PTh)及其衍生物,这类聚合物具有由碳的 p_z 轨道重叠而成的单双键交替的共轭大 π 键,每个 sp^2 杂化中心的一个不对称价电子在 p 轨道中与其他三条 σ 键正交,进而形成大 π 键和反 π^* 键,如果存在合适的氧化剂,π 键和 π^* 键将形成带正电的空穴,这使得余下部分的电子更容易被移动,从而获得更强的导电性。理论上讲,此类材料的电化学过程发生在整个材料体相内部,所以有碳材料无法比拟的理论容量,但在实际充放电过程中由于电荷进入聚合物内部,使聚合物链条持续发生溶胀和收缩,严重影响离子扩散过程和电极材料的使用寿命[34,35]。现阶段的研究工作主要集中在寻找具有优良掺杂性能的导电聚合物并对其结构进行优化,以提高聚合物电极的充放电性能、循环寿命和热稳定性等。Zhang[36] 将导电聚合物(聚苯胺)与其他较稳定的材料(介孔碳材料)复合,以此改善导电聚合物的机械稳定性,从而提高材料整体的循环稳定性,实验证实,在 $1\ mol \cdot L^{-1}$ 的 H_2SO_4 电解液体系中,复合材料在 $0.5\ A \cdot g^{-1}$ 下的比电容值达 $1221\ F \cdot g^{-1}$,循环稳定性表现不佳,仅 3000 次循环即衰减 5%;Kong[37] 结合溶剂热合成法和氧化聚合法并以碳布作为集流体制备 $NiCo_2O_4@PPy$ 纳米线阵列复合电极,得益于 PPy 的高电导率、$NiCo_2O_4$ 的高孔隙率和碳布基质的稳定性,使得复合材料的比容量高达 $2244\ F \cdot g^{-1}$,并且在 $10\ A \cdot g^{-1}$ 电流密度下循环 10000 次的容量保持率为 82.9%。

由于氧化还原反应过程具有一定程度的不可逆性,加上离子脱嵌所带来电极材料的体积膨胀,因此上述赝电容电容器在具有高比容量、高功率密度和高能量密度的同时循环寿命较双电层电容器略低一筹。如何将双电层和赝电容二者优点有机结合在一起成为提高材料超电性能必须克服的壁垒之一。

2.4 小结

超级电容器走向商业化的各项指标不仅仅取决于电极材料的选择,其中集流体、电解液、隔膜、黏结剂和导电剂的选择也会对超级电容器的各项性能产生深远影响。本章将电极材料分为两类,并结合具体文献报道做了简要介绍,尺有所短寸有所长,每种电极材料都有其优点也有其不足,若能将二者优势互补,达到 1+1>2 的目的,有望缩短高效能量存储和高效能源利用之间的距离。

参考文献

[1] 俞书宏. 低维纳米材料制备方法学[M]. 北京:科学出版社,2019.

[2] 杨序纲,吴琪琳. 纳米碳及其表征[M]. 北京:化学工业出版社,2016.

[3] Zhou J, Guo M, Wang L L, et al. 1T-MoS_2 nanosheets confined among TiO_2 nanotube arrays for high performance supercapacitor[J]. Chem Eng J, 2019, 366:163-171.

[4] Bushueva E G, Galkin P S, Okotrub A V, et al. Double layer supercapacitor properties of onion-like carbon materials[J]. Phys Stat Sol (b), 2008, 245(10):2296-2299.

[5] Olariu M, Arcire A, Plonska B, et al. Controlled Trapping of Onion-Like Carbon (OLC) via Dielectrophoresis[J]. Particuology, 2017, 46(1):443-450.

[6] Mohapatra D, Dhakal G, Sayed M S, et al. Sulfur Doping:Unique Strategy To Improve the Supercapacitive Performance of Carbon Nano-onions[J]. ACS Appl Mater Inter, 2019, 8(11):8040-8050.

[7] 张立德,牟季美. 纳米材料和纳米结构[M]. 北京:科学出版社,2001.

[8] 施利毅. 纳米科技基础[M]. 上海:华东理工大学出版社,2005.

[9] Senokos E, Rana M, Santos C, et al. Controlled electrochemical functionalization of CNT fibers:Structure-chemistry relations and application in current collector-free all-solid supercapacitors[J]. Carbon, 2019, 142:599-609.

[10] Kaempgen M, Candace K C, Ma J, et al. Printable thin film supercapacitors using single-walled carbon nanotubes[J]. Nano Lett, 2009, 9(5):1872-1876.

[11] Kong D B, Li X L, Zhang Y B, et al. Encapsulating V_2O_5 into carbon nanotubes enables the synthesis of flexible high-performance lithium ion batteries[J], Energy Environ. Sci, 2016, 9:906-911.

[12] 于吉红,闫文付. 纳米孔材料化学催化及功能化[M]. 北京:科学出版社,2013.

[13] 朱美芳. 纳米复合纤维材料[M]. 北京:科学出版社,2014.

[14] Ge J L, Qu Y S, Cao L T, et al. Polybenzoxazine-based highly porous carbon nanofibrous membranes hybridized by tin oxide nanoclusters:durable mechanical elasticity and capacitive performance[J]. J Mater Chem A, 2016, 4:7795-7804.

[15] Ge J L, Gang F, Yang S, et al. Elastic and hierarchical porous carbon nanofibrous membranes incorporated with $NiFe_2O_4$ nanocrystals for high efficient capacitive energy storage[J] Nanoscale, 2013, 16:5687-5693.

[16] Li Y J, Zhu G, Huang H L, et al. A N, S dual doping strategy via electrospinning to prepare hierarchically porous carbon polyhedral embedded carbon nanofibers for flexible supercapacitors[J] J Mater Chem A, 2019, 7:9040-9050.

[17] 马库斯·安东尼提,克劳斯·米伦. 石墨烯及碳材料的化学合成与应用[M]. 北京:机械工业出版社,2019.

[18] Stankovich S, Dmitriy A D, Richard D P, et al. Synthesis of graphene-based nanosheets via chemical reduction of exfoliated graphite oxide[J]. Carbon, 2007, 45:1558-1565.

[19] Stankovich S, Dmitriy A D, Richard D P, et al. Synthesis of graphene-based nanosheets via chemical reduction of exfoliated graphite oxide[J]. Carbon, 2007, 45:1558-1565.

[20] Jia J X, Wang K, Zhang X, et al. Graphene-Based Hierarchically Micro/Mesoporous Nanocomposites as Sulfur Immobilizers for High-Performance Lithium-Sulfur Batteries[J]. Chem Mater, 2016, 28:7864-7871.

[21] Lin T Q, Chen I W, Liu F Q. Nitrogen-doped mesoporous carbon of extraordinary capacitance for electrochemical energy storage[J]. Science, 2015, 350(18):1508-1513.

[22] Li F，Hao C，Xiang J，et al. Enhanced laser scribed flexible graphene-based micro-supercapacitor performance with reduction of carbon nanotubes diameter[J]. Carbon，2014，75：236-243.

[23] Wang X B，Zhang Y，Zhi C Y，et al. Three-dimensional strutted graphene grown by substrate-free sugar blowing for high-power-density supercapacitors[J]. Nat Commun，2013，16：1-8.

[24] Yan J H，Dong K Q，Zhang Y Y，et al. Multifunctional flexible membranes from sponge-like porous carbon nanofibers with high conductivity[J]. Nat Commun，2019，10：1-6.

[25] Zhai Y P，Dou Y Q，Zhao D Y，et al. Carbon materials for chemical capacitive energy storage[J]. Adv Mater，2011，23：4828-4836.

[26] Ren H Y，Zheng L M，Wang G R，et al. Transfer-medium-free nanofiber-reinforced graphene film and applications in wearable transparent pressure sensors[J]. ACS Nano，2019，13：5541-5549.

[27] Zhou Q，Zhao Z B，Zhang Y T，et al. Graphene sheets from graphitized anthracite coal：preparation，decoration，and application[J]. Energ Fuel，2012，26：5186-5193.

[28] Qin K Q，Kang J L，Lia J J，et al. Continuously hierarchical nanoporous graphene film for flexible solid-state supercapacitors with excellent performance[J]. Nano Energy，2016，24：158-166.

[29] Zheng J P，Jow T R. New Charge Storage Mechanism for Electrochemical Capacitors[J]. J Electrochem Soc，1995，142(1)：L6-L8.

[30] Ryu I，Yang M H，Kwon H，et al. Coaxial RuO_2-It Nanopillars for Transparent Supercapacitor Application[J]. Langmuir，2014，30(6)：1704-1709.

[31] Shi X，Wang H，J S，et al. $CoNiSe_2$ nanorods directly grown on Ni foam as advanced cathodes for asymmetric supercapacitors[J]. Chem Eng J，2019，364：320-327.

[32] Guan B Y，Yu L，Wang X，et al. Formation of onion-like $NiCo_2S_4$ particles via sequential ion-exchange for hybrid supercapacitors[J]. Adv Mater，2017，29：1605051-1605058.

[33] Tian D，Lu X F，Zhu Y，et al. Fabrication of two-dimensional metal-organic frameworks on electrospun nanofibers and their derived metal doped carbon nanofibers for an advanced asymmetric supercapacitor with a high energy density[J]. J Power Sources，2019，413：50-58.

[34] Ramya R，Sivasubramanian R，Sangaranarayanan M V. Conducting Polymers-Based Electrochemical Supercapacitors&Mdash；Progress and Prospects[J]. Electrochimica Acta，2013，101(7)：109-129.

[35] Cho S，Kim M，Jang J. Screen-Printable and Flexible RuO_2 Nanoparticle-Decorated Pedot：Pss/Graphene Nanocomposite with Enhanced Electrical and Electrochemical Performances for High-Capacity Supercapacitor[J]. ACS Appl Mater Inter，1944，7(19)：10213-10227.

[36] Zhang Y，Zou L，Wimalasiri Y，et al. Reduced Graphene Oxide/Polyaniline Conductive Anion Exchange Membranes in Capacitive Deionisation Process[J]. Electrochimica Acta，2015，182：383-390.

[37] Kong D，Ren W，Cheng C，et al. Three-Dimensional $NiCo_2O_4$@Polypyrrole Coaxial Nanowire Arrays on Carbon Textiles for High-Performance Flexible Asymmetric Solid-State Supercapacitor[J]. ACS Appl Mater Inter，2015，7(38)：21334-21346.

第3章　静电纺丝技术在制备一维纤维中的应用

3.1　引言

自从碳纳米管被发现以来,一维纳米材料逐渐得到了广大研究人员的关注,并已成为物理、化学和材料学领域的研究热点之一。一维纳米材料不仅具有通常纳米材料所具备的表面效应、量子尺寸效应和小尺寸效应等,还具有优异的力学性能、电荷传输性能、光学性能和光敏性能等。一维纳米材料作为材料的基本构筑单元,在电学器件、光学器件、传感器和生物医药等方面显示出重要的应用价值[1-3]。目前,一维纳米材料的构筑方法主要有静电纺丝法、气-固生长法、气-液-固生长法、液-液-固生长法、水热合成法和模板法等[4],如何在一维纳米材料制备过程中控制材料的纯度、均匀度、直径以及产量等问题,成为制约一维材料发展的重要问题,在众多制备方法中,静电纺丝法凭借其简便易操作、制备过程可调可控和成本低廉的优点而逐渐成为广大研究者在研究一维材料制备过程中的首选方法。

3.2　静电纺丝技术简介

一维纳米材料是纳米材料中的一个重要分支,它不仅具有通常纳米材料所具有的表面效应、量子尺寸效应和小尺寸效应等,还具有优异的热稳定性、力学性能、电学和光学性能,可以作为材料的基本构筑单元,在纳米电学及光学器件、传感器、纳米生物技术等方面显示出重要的应用价值。近年来涌现出许多制备纳米纤维的方法,如拉伸法、模板合成法、相分离法和自组装法等,综合考虑设备复杂性、工艺可控性、成本、产率以及纤维尺度的可控性等方面的因素,静电纺丝法是制备一维纤维的首选方法。如图 3-1 所示,静电纺丝(Electrospinning)主要借助高压静电场使聚合物溶液或熔体带电并产生形变,在喷头末端处形成悬垂的锤状液滴,当液滴表面的电荷斥力超过其表面张力时,在液滴表面就会高速喷射出聚合物微小液体流,简称为"射流",这些射流在较短的距离内经过电场力的高速拉伸、溶剂挥发与固化,最终沉积在接收板上,形成聚合物纤维。静电纺丝是静电雾化的一个特例,当纺丝管(注射器)末端所施加电压超过某个临界值时,微小带电液滴就会从末端喷出并向着与电极方向相反的方向运动,此过

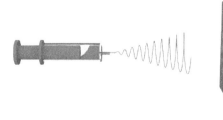

图 3-1　静电纺丝装置示意图

程称之为静电雾化,主要形成微纳米级(0.01~10 μm)的气溶胶或者聚合物小球,如果纺丝管中的带电液体是具有一定分子链缠结的高分子溶液,在高压静电纺丝过程中,当液体表面的电荷斥力超过其表面张力后,就会在喷头末端的泰勒锥表面高速喷射出聚合物射流,射流经过电场力的高速拉伸,溶液中溶剂挥发和溶质固化过程,最终沉积在接收板上,形成聚合物纤维膜,这一过程即为静电纺丝[3-5]。

3.3 静电纺丝参数

3.3.1 聚合物溶液性质

1. 聚合物分子量

由于聚合物分子量直接影响溶液的流变学性质和电学性质,如溶液的黏度、表面张力、电导率和介电性等,所以聚合物分子量是影响溶液静电纺丝的一个重要参数。简单来讲,小分子溶液不能用作静电纺丝溶液,若要通过静电纺丝技术获得纤维,那么所用聚合物必须有一定的分子量且溶解后有一定的黏度,否则只会进行静电雾化过程,得到气溶胶或者聚合物微球。聚合物分子量直接反映分子链的长度,分子量越大其分子链越长,而分子量长的聚合物在溶液中容易发生缠结,从而增加溶液的黏度。聚合物分子链在溶液中形成缠结,并且具有一定的黏度,是静电纺丝技术制备聚合物纤维的一个先决条件,当聚合物溶液射流在泰勒锥表面形成后,在高压静电场中受到电场力的拉伸,而足够缠结的分子链沿射流轴向取向化,能够平衡电场力的拉伸,保持射流连续性,从而形成纤维[6]。

2. 聚合物溶液的浓度和黏度

当聚合物分子量固定以后,在其他条件不变的情况下,溶液浓度是影响分子链在溶液中缠结的决定性因素。通常情况下,高分子溶液按照浓度及分子链形态的不同,可以简单地分为高分子稀溶液、亚浓溶液和浓溶液三种。稀溶液与浓溶液的本质区别在于,单个高分子链团是否孤立存在,相互之间有没有发生交叠;稀溶液中的分子链是相互分离且分布均一的,随着溶液浓度增加,分子链之间相互穿插交叠发生缠结;稀溶液与亚浓溶液的分界浓度称为接触浓度 c^*,它是指随着溶液浓度的增加,分子链发生接触,随后相互交叠的浓度;亚浓溶液与浓溶液的分界浓度称为缠结浓度 c_e,它是指随着溶液浓度的进一步增加,分子链相互穿插,相互缠结的浓度[4,7]。图 3-2 给出了高分子溶液三种不同浓度的范围。

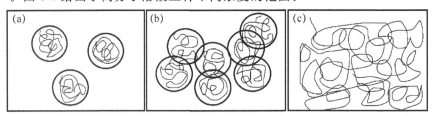

图 3-2 高分子溶液的三种不同浓度范围

(a:稀溶液 $c < c^*$,b:亚浓溶液 $c^* < c < c_e$,c:浓溶液 $c > c_e$)

3. 聚合物溶液表面张力

流体分子在不断做无规则布朗运动,而且组成流体的分子之间存在相互吸引力,在某一范围内,分子之间的距离越小,吸引力越大。同一类物质分子间的吸引力叫作内聚力,它使液体界面上的分子相互靠拢,表现为液面自动收缩,这种作用于液面上并力图使液体表面收缩成最小面积的力叫表面张力。静电纺丝溶液一般由高分子聚合物与溶剂组成,属于二元体系,表面张力不同于一元流体,不仅与温度和压力有关,还与溶液的组成有关。对聚合物溶液来说,在低浓度情况下,溶剂分子数较多,由于表面张力作用,溶剂分子倾向于聚集而形成球状。在较高浓度下,溶液黏度升高,说明聚合物分子链与溶剂间的作用加强,溶剂分子倾向于使缠结的分子链分开,减少了其聚集收缩的趋势。在静电纺丝过程中,带电聚合物溶液表面所受到的静电斥力必须大于溶液的表面张力,纺丝过程才能顺利进行,由于轴向的瑞利不稳定性,表面张力倾向于使射流转变为球形液滴,形成珠粒纤维。而作用在射流上的电场力,则倾向于增加射流面积,从而使射流变得更细,不易形成珠粒纤维。在此过程中,高分子溶液的黏弹力也会抑制射流形状的转变,支持纤维的形成,增加溶液浓度,可以在一定程度上降低溶液的表面张力,有利于连续纤维的形成[8]。

4. 聚合物溶液的电导率

静电纺丝技术是依靠作用在聚合物溶液上的静电斥力的拉伸作用,产生聚合物微小射流,然后固化而形成纤维。聚合物溶液的电导率直接影响到纤维的形态,它与聚合物溶液的带电能力有关,增加聚合物溶液带电量就能够提高溶液的电导率,高电导率的聚合物溶液形成的射流,受到的电场力作用较大,反之,则射流受到电场力的拉伸作用就弱,容易获得珠粒纤维。实际研究过程中,特别是在复合纤维制备过程中,通常将无机盐或者有机盐添加到聚合物纤维中,这些盐分解成正离子和负离子,增加了溶液中离子的数量,从而可提高电导率[6]。

5. 溶剂的性质

溶剂的主要作用是使聚合物的分子链拆开,在电纺过程中,溶液形成射流,被电场力高度拉伸,聚合物分子链得到重新取向和排列,伴随溶剂的挥发,射流固化最后形成纤维。在这一过程中,溶剂的性质如介电常数、电导率、挥发性和溶剂对溶质的溶解性等,都会对静电纺丝过程产生影响,进而对纤维形貌造成改变。总体说来,溶剂的介电常数越高,溶剂携带电荷的能力越强,射流表面携带电荷越多。当射流表面聚集大量电荷时,射流的非轴对称不稳定性居主导地位,促使不稳定的射流劈裂成更细小的射流,从而形成粗细不均匀的纤维,溶剂的电导率增加,相应溶液的导电性增加,作用在射流上的电场力较强,减小静电纺丝纤维的直径;溶剂的挥发性影响到射流的拉伸与固化,溶剂挥发过快,溶液很难在纺丝管尖端形成泰勒锥,从而造成喷头堵塞,溶剂挥发太慢,射流在沉积到接收装置上以后仍未固化,造成纤维黏结[3,4]。对于同种聚合物来讲,溶剂性质各有不一,有的是良溶剂,有的是非良溶剂,具体实验过程中可以通过溶剂共混来调节聚合物溶液的黏度和表面张力,从而达到调控纤维形貌的目的。

6. 聚合物溶液的温度

聚合物溶液的温度不仅影响溶液的黏度,而且影响静电纺丝过程中溶剂的挥发。当聚合物溶液温度升高以后,溶液的黏度能够大幅降低,同时,溶液中分子链的缠结几乎不受影响,因此,纺丝溶液的温度也会对纤维形貌产生影响。

3.3.2　静电纺丝过程参数

1. 纺丝电压

静电纺丝技术与传统纺丝技术相比,最大的不同就是依靠施加在聚合物流体表面上的电荷来产生静电斥力以克服其表面张力,从而产生聚合物溶液微小射流,经过溶剂挥发后,最后固化成纤维,所以,在静电纺丝过程中,施加在聚合物流体上的电压必须超过某个临界值,使得作用于其上的电荷斥力大于表面张力,才能保证纺丝过程顺利进行[9]。当施加在喷头末端的电压大于临界电压后,射流从泰勒锥表面喷出,随着电压升高,射流表面携带电荷增加,射流喷出的加速度变大,相同的纺丝条件下,从泰勒锥表面喷出聚合物的量会增加,泰勒锥的形状会迅速变小,这会造成泰勒锥的不稳定。具体实验过程中的纺丝电压如何设置,并不能一概而论,要视具体溶液条件和纺丝环境而定。

2. 聚合物溶液的注射速度

聚合物流体的注射速度在一定程度上决定着静电纺丝过程中的纺丝溶液量,对于给定电压,在喷头处会形成较稳定的泰勒锥,在电压一定的情况下,射流的直径会随着流体的注射速度在一定范围内增加,导致纤维直径变大。对于给定的纺丝电压和接收距离,泰勒锥的速度会随着注射速度的变化而改变,注射速度太低,泰勒锥不稳定,影响纤维形貌,如果注射速度太高,泰勒锥则会出现跳动,亦会造成纤维形貌的不稳定[8]。聚合物溶液注射速度对纤维形貌的影响情况与溶液的浓度和黏度密切相关,当溶液浓度较大时,对于给定的纺丝条件,增加注射速度,虽然射流在高压电场中的运动速度变化不大,但是流量增加,射流携带的电荷量将增加,从而使射流的不稳定性加强,如果聚合物中缠结的分子链不能有效克服外力的拉伸,就容易造成沿轴向固化成珠粒。

3. 纤维接收距离

喷头末端与接收板之间的距离称为纤维接收距离,其对喷射出来的纤维丝所处的电场强度造成影响,进而影响射流在电场中的拉伸程度和飞行时间。在静电纺丝过程中,单根纤维中的溶剂必须挥发才能固化形成聚合物纤维,若纺丝条件不变,缩短纤维接收距离,则意味着电场强度增大,射流速度加快,纤维飞行时间缩短,可能导致纤维中的溶剂挥发不完全,纤维发生粘连。纤维电场中飞行,若要使溶剂充分挥发必须有足够的接收距离,如果这个距离小于射流的长度,势必造成大部分溶剂在纤维上的残留,从此点看来,纤维的接收距离还与溶剂的性质密切相关。

4. 喷头直径

在利用聚合物流体高压静电纺丝过程中,必须有一个临界电压值使喷头末端的液滴表面电荷斥力大于液体的表面张力才能形成射流,这个值通常与纺丝流体在喷头末端形成的液滴大小有关,液滴小,临界电压值小,静电纺丝过程越容易进行,而液滴的大小也与纺丝溶液的性质密切相关,如前所述,聚合物溶液的浓度和黏度不同,导致流体的流动性产生差异,此种情况下,喷头的直径不可一概而论,要结合理论在具体实验过程中不断摸索适合的喷头直径以利于纺丝过程的进行[7,9]。

3.3.3 静电纺丝环境参数

1. 纺丝环境温度

溶液静电纺丝一般是在室温下进行,温度对纺丝过程的影响可体现在几个方面:第一,纺丝环境温度升高会加快射流中分子链的运动,提高溶液的电导率;第二,纺丝环境温度的升高可降低纺丝溶液的黏度和表面张力,使得一些在室温下静电纺丝的聚合物溶液在温度升高的条件下能够进行纺丝;第三,升高纺丝环境温度,可加速射流中溶剂的挥发速度,使射流迅速固化,电场力对射流的拉伸作用减弱,使纤维直径变大[3,5,7]。

2. 纺丝环境湿度

一般静电纺丝环境下,射流周围的介质均为空气,射流中溶剂与周围介质的交换是一个双扩散过程,射流表面溶剂挥发,其内部溶剂由中心向表面扩散,射流表面溶剂的挥发速度和内部溶剂扩散速度之间的竞争关系能够影响纤维的形态。环境的湿度直接影响射流周围介质的性质,尤其是射流与介质的相容性,如果湿度与溶剂的相容性好,那么增大环境湿度,会抑制射流中溶剂的挥发,使射流固化减缓,反之,则可加速溶剂挥发,使射流速度加快[4-6]。

3.4 利用静电纺丝技术制备一维纤维

3.4.1 静电纺丝技术的优势

静电纺丝技术是一种能够直接、连续制备聚合物纳米纤维的方法,当直径从微米缩小至亚微米或纳米时,聚合物纤维与相应的材料相比,会表现出许多惊人的特性。如表 3-1 所示,对比几种一维纤维制备方法的优缺点,综合考虑,静电纺丝法仍是首选之法。

表 3-1 几种纳米纤维制备方法的比较

方法	技术水平	工艺可控性	可重复性	可操作性	纤维尺度可控性
拉伸法	实验室	弱	强	强	弱
模板合成法	有产业化潜力	弱	强	强	强
相分离法	实验室	弱	强	强	弱
自组装法	实验室	弱	强	弱	弱
静电纺丝法	有产业化潜力	强	强	强	强

除电极材料本身的组成外,其微尺度结构对超级电容器性能同样具有重要影响。静电纺丝纳米纤维具有连续一维结构、可调控孔结构和高比表面积。利用静电纺丝结合高温焙烧技术可以构筑具有高导电性、高石墨化和高柔韧性的碳纤维,将其作为电极材料可以直接制备一体化柔性电极,其优异的电子传导能力,为大规模可穿戴柔性储能设备的广泛应用提供高效储能材料;另外,该策略在不同孔结构诱导剂的配合下可以构筑具有特殊结构(如空心管状、套管结构、莲藕结构和多孔结构等)的纳米材料,缓冲电化学反应过程中离子脱嵌带来的体积变化效应,从而提高电极材料的循环稳定性[4,10]。Chen[11]将沸石咪唑酸盐(ZIF-8)嵌入 PAN,制备 N 掺杂多孔碳纳米纤维并将其应用在超级电容器的组建,在 $1.0\ A\cdot g^{-1}$ 和 $50.0\ A\cdot g^{-1}$ 时比电容值分别为 $307.2\ F\cdot g^{-1}$ 和 $193.4\ F\cdot g^{-1}$,最大能量密度和功率密度分别为 $10.96\ Wh\cdot kg^{-1}$ 和 $25000\ W\cdot kg^{-1}$;Liu[12]在电纺 CNFs/Si 纳米纤维表面生长一层聚苯胺(PANI),通过高温热解获得第二层碳(CNFs/Si@C),将复合材料作为独立电极使用,首次放电比容量为 $936.1\ mAh\cdot g^{-1}$,100 次循环后比容量为 $753.5\ mAh\cdot g^{-1}$,容量保持率为 80.5%。

3.4.2 静电纺丝技术制备一维纤维材料的应用

碳基一维纤维材料按功能可分为两大类,一类是未经过高温处理的一维聚合物纤维,主要应用在生物医学、废水处理、海水淡化、相分离及染料降解等研究领域;另一类是结合高温热处理过程得到的一维碳纤维,主要应用在有机催化、电催化、电池、超级电容器和光催化等新能源研究领域。

1. 聚合物纤维的应用

① 生物医学领域应用

2019 年,莫秀梅教授将静电纺丝、3D 打印、冷冻干燥和交联等技术相结合,成功地将静电纺丝纤维制成了力学性能良好和外观形状及大孔结构可控的三维纤维支架（3DP），生物学测试表明，3DP展示出良好的弹性和记忆功能，并且与软骨细胞结合的3DP可表现出良好的软骨再生能力[13]；北京大学段小洁教授等人以金属涂层纳米纤维网为电子导体，以工业水凝胶隐形眼镜为基片，构建透气无刺激的透明水凝胶隐形眼镜，以改善金属纳米粒子与水合凝胶隐形眼镜基体的附着力，该水凝胶隐形眼镜装置具有良好的透气性、润湿性和水化程度，并具有良好的光学透明性、机械顺应性[14]；武汉大学李祖兵教授团队和邓红兵团队合作将骨形态发生蛋白2（BMP2）加入8%的水性聚乙烯醇（PVA）溶液中，采用同轴静电纺丝法制备核-壳结构复合纳米纤维垫，将骨形态发生蛋白2（BMP2）植入纳米纤维的核内，研究证实该系统可以实现BMP2的持续释放和结缔组织生长因子的快速释放，体内外实验表明该双药物释放系统对骨组织恢复具有很好的改善作用。与单一的BMP2释放系统相比，其骨再生能力可以提高43%[15]。

②仿生领域应用

各向异性界面往往赋予材料新奇的物理化学性质，自然界中许多生物表面具有各向异性界面性质，可以实现液体智能运输，北京航空航天大学赵勇教授制备由疏液纳米纤维与超亲液氧化物纳米针组成的Janus复合膜，纳米针与纤维膜在界面处可以形成互穿结构，实现了优异的液体单方向透过性能[16]；西南交通大学杨维清教授课题组利用静电纺丝技术构建了一种基于独特豇豆结构的柔性自供电压电传感器（PES）并测量其弯曲角度，成功演示了PES在交互式人机界面（iHMI）手势远程控制中的应用，该PES可在弯曲和按压模式下工作，显示超高压力灵敏度，当集成在iHMI中时，PES可以在不同的曲面上适应性地覆盖，展示精确的弯曲角度记录和快速识别，实现智能化人机交互，通过与人手同步动作的方式成功实现了机器人手的远程控制应用[17]；上海大学李和兴教授等人通过使用混合电纺聚乙烯醇和聚偏二氟乙烯纳米纤维获得混合纳米纤维膜（NM），通过可溶性PVA纳米纤维在人体皮肤上少量水分中溶解，在皮肤上产生一定的黏性，混合NM可以直接附着在皮肤上，这种基于NM的TENG亲肤黏合方法在可穿戴/便携式感应设备、电子皮肤、人造肌肉、柔性机器人等领域具有广泛的应用前景[18]。

③污水处理领域应用

静电纺丝作为一种制备膜材料的新技术，所制备的膜材料具有孔径小、孔隙率高、孔连通性好和面密度小等优点，相对传统滤膜，其具有过滤效率高和水通量大等特点，目前静电纺丝纳米纤维已广泛应用于水净化和重金属污水处理、离子交换法工业污水处理、饮用水处理以及油水分离系统等。东华大学丁彬教授结合电喷雾和静电纺丝的简易策略，在电纺纤维膜上制备仿生和超湿润的纳米纤维，该材料具有分层粗糙度和亲水性聚合物基质的协同效应、超亲水性和水下超疏油性、高孔隙率和亚微米多孔表层等性质，将复合纳米纤维膜用于分离高度乳化的无表面活性剂和表面活性剂稳定的水包油乳液，渗透通量高达 $5152\ L\cdot m^{-2}\cdot h^{-1}$，分离效率 $>99.93\%$ [19]；四川大学傅强教授提出一种新的低温烧结机制，该机制可显著改善纤维间的黏合性，在不改变电纺膜原始多孔结构的情况下实现力学性能增强，电纺膜的拉伸强度和杨氏模量分别从 0.9 MPa 和 23.7 MPa 显著提高到 11.1 MPa 和 546.2 MPa[20]；山东大学陈代荣教授团队通过电纺将非晶-WO_3（a-WO_3）结合到聚合物纳米纤维中得到纳米纤维膜（NFM），将其用于水相体系中贵金属回收，贵金属可以自发还原并作为金属纳米颗粒沉积在NFM上，此法不但分离效率和循环性高，而且可将金属污染物转化为有价值的材料[21]。

2. 一维碳纤维的应用

① 能源领域

纳米碳纤维因其结构的独特性和结构的稳定性,使其在能源开发领域大放异彩。Lin[22]以构建自支撑硫正极材料,得益于高比表面积、氮原子掺杂以及核与壳之间的协同作用,核-壳碳纤维网衍生的自支撑正极在 1 C 电流密度下循环 500 次后表现出 82.8% 的高容量保持率;Zheng[23]采用水热法将 MoS_2 纳米片负载于电纺聚偏氟乙烯纤维膜上制备了一种新颖的功能电极,该电极材料作为锂离子电池的负极材料时,当电流密度为 0.5 $A \cdot g^{-1}$ 时,容量值达 854 $mAh \cdot g^{-1}$,同时,材料具有良好的倍率性能和循环稳定性(2 $A \cdot g^{-1}$ 电流密度下经过 200 次循环后容量为 513 $mAh \cdot g^{-1}$);Wang[24]结合静电纺丝和热处理技术构建高性能电极材料——碳纳米纤维承载空心 Co_3O_4 纳米颗粒,将该纤维用作锂离子电池负极材料时,由于其独特的中空纳米结构、碳杂化类型和新型纳米纤维组装模式,使材料表现出较高的比容量和优异的循环稳定性。

② 电催化领域

在电催化研究领域,Pt 等贵金属一直被视为一类高效催化材料,但成本高昂而限制了其开发和应用,以碳材料为体相的催化剂具有成本低廉、毒性小和稳定性高等优点,近些年越来越多的研究者致力于将过渡金属与碳基体相材料进行掺杂从而获得高效催化剂。Li[25]利用电纺丝法制备双金属沸石咪唑酸酯骨架纳米颗粒(BMZIFs)多孔碳材料,通过碳化 MOFs 纳米纤维,制备出具有高电催化性能的 MOFs 衍生 Co/N 掺杂的多孔碳纤维,得益于 MOFs 的特殊结构和 Zn、Co 的有效掺杂,此材料针对 ORR 的催化性能甚至优于商业 Pt/C 催化剂;Yu[26]使用水热碳质纳米纤维、吡咯和 $NiCl_2$ 作为前驱体制备了 Ni-N 共掺杂碳纳米纤维负载部分氧化镍纳米颗粒(PO-Ni/Ni-N-CNFs)复合电催化剂,得益于有效的活性中心、介孔结构和相互连接的一维纳米纤维网络,所得电催化剂在碱性介质中对 HER 和 OER 均表现出优异的催化活性和持久性,将 PO-Ni/Ni-N-CNFs 作为双功能催化剂应用于分解水,在 1.69 V 的电压下达到了 10 $mA \cdot cm^{-2}$ 的电流密度;Li[27]通过 SiO_2 保护壳模板法制备高活性中孔/微孔 Fe-N 掺杂的碳纳米纤维(Fe-N-CNFs)催化剂,SiO_2 保护壳可以限制铁的自由迁移、减少高温热解过程中挥发性气态物质对材料结构的影响和优化 Fe-N-CNFs 催化剂的表面官能团,与没有 SiO_2 保护壳制备的催化剂相比,Fe-N-CNFs 催化剂在酸性介质中可显著提高对 ORR 的活性。

③ 光催化领域

相比于传统载体材料,碳纳米纤维具有大的长径比和高比表面积,因此具有吸附能力高和吸附/解吸速率快的优点,此外,碳纳米纤维具有良好的导电性,可以促进光催化反应中生成的光生电子转移,抑制光生电子-空穴的复合,增强材料的光催化性能。Ma[28]利用静电纺丝和原位阴离子交换法制备界面紧密结合的 Bi_2S_3/$BiFeO_3$ 异质结纳米纤维,通过光降解盐酸四环素(TC)来评估材料的光催化活性,利用改变硫代乙酰胺(TAA)的量优化其光催化活性,当 TAA 的量为 0.1 mmol 时,样品表现出最佳的光催化性能,通过对活性组分和自由基的监测提出 Bi_2S_3/$BiFeO_3$ 异质结的直接 Z 型电荷迁移机制;Deng[29]采用静电纺丝法制备 Ag 纳米结构材料负载 ZnO,光催化结果表明静电纺丝技术可以极大增强光催化活性,且 Ag 的负载浓度在光催化性能中起着重要作用,紫外线辐射下苋菜红染料最大脱色效率高达 96%,此外,材料对革兰氏阳性菌(金黄色葡萄球菌)、革兰阴性菌(大肠杆菌)和酵母菌(白色念珠菌)均具有抗菌活性。

④ 有机催化领域

碳纤维基体材料在结构和稳定性上都有着其他材料无法比拟的优势,利用有效技术手段将其与其他材料结合在有机催化领域发挥作用的研究已日趋成熟。利用静电纺丝技术,Yu[30]成功构建了具有同轴纳米管结构的新型 PdO/Ce_xO_y 催化材料,并将其催化 Suzuki 偶联反应,测试结果表明,无须使用有机溶剂和惰性保护气氛,纳米 PdO 和 Ce_xO_y 表面之间的电子传输可以促进反应底物在温和条件下进行 Suzuki 偶联反应,催化效果显著且循环五次催化性能无明显下降;Guo[31]采用与 Yu[30]类似的制备方法得到 PdNPs/CNFs 复合催化剂,TEM 显示,Pd 纳米粒子均匀分散在纤维体相中,将 PdNPs/CNFs 应用于 Suzuki 和 Heck 反应,均表现出较高的催化活性和循环稳定性;为进一步提高钯催化效率,Guo[32]引入高压加氢还原法制备得到 Ce_xO_y-PdNPs 嵌入的 CNFs 复合材料,并用于 Heck 反应,对比实验结果证实,相同反应条件下 Ce_xO_y-PdNPs/CNFs 可在 2 h 内完成催化反应,PdNPs/CNFs 则需 6 h 完成,证实了 CNFs 体相内的双金属协同催化效应;Bao[33]结合静电纺丝和高温焙烧技术制备高活性双金属 Pd_1Ni_4/CNF 催化剂,进一步证实双组分活性物质在催化反应中所发挥的重要性,经实验证实,双金属的协同作用使 Pd_1Ni_4/CNF 催化剂在水-乙醇溶液中与多取代的芳基卤化物和苯基硼酸进行 Suzuki 偶联反应表现出比单金属 Pd_5/CNF 和 Ni_5/CNF 更好的催化性能,且催化剂循环 10 次之后仍保持 80% 以上的催化效率。

3.5　小结

静电纺丝过程是否可顺利进行,所纺制的纤维膜是否达到实验要求,涉及纺丝溶液和纺丝条件两个方面的因素,只有合理调控实验过程中各项纺丝参数才可以达到实验预期目标,这就要求实验研究者首先要对纺丝材料的物化性质有充分的了解,并能结合具体实验条件对实验参数进行及时且有效的调控,切不可对所有纺丝参数进行一成不变的设置。福马斯发明的静电纺丝技术是目前静电纺丝技术的先导,经过几代研究者的潜心研究,静电纺丝技术已经在生物医药、分离膜技术、个人防护装备、传感器、催化剂载体研发和能源高效利用等研究领域有着广泛的应用,结合其简便易行和成本低廉的特点,静电纺丝技术在以上研究领域中展现出越来越迅猛的发展趋势。

参考文献

[1] 张耀君. 纳米材料基础[M]. 北京:化学工业出版社,2015.

[2] 张立德,牟季美. 纳米材料和纳米结构[M]. 北京:科学出版社,2001.

[3] 朱美芳. 纳米复合纤维材料[M]. 北京:科学出版社,2014.

[4] 丁彬,余建勇. 静电纺丝与纳米纤维[M]. 北京:中国纺织出版社,2011.

[5] 俞书宏. 低维纳米材料制备方法学[M]. 北京:科学出版社,2019.

[6] 王策,卢晓峰. 有机纳米功能材料——高压静电纺丝技术与纳米纤维[M]. 北京:科学出版社,2011.

[7] 王进贤. 静电纺丝技术与无机纳米材料合成[M]. 北京:国防工业出版社,2012.

[8] 周翠松. 静电纺丝传感界面[M]. 北京:化学工业出版社,2017.

[9] 杨卫民. 纳米纤维静电纺丝[M]. 北京:化学工业出版社,2020.

[10] 张宁,杨洪明,徐岩等. 局部阴影条件下太阳能电池——超级电容器的充放电控制方法[J]. 电力系统保护与控制,2020,4:72-79.

[11] Chen L F, Lu Y, Yu L, et al. Designed formation of hollow particle-based nitrogen-doped carbon nanofi-

bers for high-performance supercapacitors[J]. Energy Environ Sci, 2017, 10: 1777-1782.

[12] Liu S W, Xu W H, Ding C H, et al. Boosting electrochemical performance of electrospun silicon-based anode materials for lithium-ion battery by surface coating a second layer of carbon[J]. Appl Surf Sci, 2019, 494: 94-100.

[13] Chen W M, Xu Y, Liu Y Q, et al. Three-dimensional printed electrospun fiber-based scaffold for cartilage regeneration[J]. Mater Design, 2019, 5(179): 107886-107896.

[14] Wei S Y, Yin R K, Tang T, et al. Gas-Permeable, Irritation-Free, Transparent Hydrogel Contact Lens Devices with Metal-Coated Nanofiber Mesh for Eye Interfacing [J]. ACS Nano, 2019, 13 (7): 7920-7929.

[15] Cheng G, Yin C C, Tu H, et al. Controlled Co-Delivery of Growth Factors through Layer-By-Layer Assembly of Core-Shell Nanofibers for Improving Bone Regeneration[J]. ACS Nano, 2019, 6 (13): 6372-6382.

[16] Hu R J, Wang N, Hou L L, et al. A bioinspired hybrid membrane with wettability and topology anisotropy for highly efficient fog collection[J]. J Mater Chem A, 2019, 7: 124-132.

[17] Deng W L, Yang T, Jin L, et al. Cowpea-structured PVDF/ZnO nanofibers based flexible self-powered piezoelectric bending motion sensor towards remote control of gestures[J]. Nano Energy, 2019, 55: 516-525.

[18] Du W Q, Nie J H, Ren Z W, et al. Inflammation-free and gas-permeable on-skin triboelectric nanogenerator using soluble nanofibers[J]. Nano Energy, 2018, 51: 260-269.

[19] Ge J L, Zong D D, Jin Q, et al. Biomimetic and Superwettable Nanofibrous Skins for Highly Efficient Separation of Oil-in-Water Emulsions[J]. Adv Func Mater, 2018, 28: 1705051-1705061.

[20] Jing Y, Zhang L, Huang R, et al. Ultrahigh-performance electrospun polylactide membranes with excellent oil/water separation ability *via* interfacial stereocomplex crystallization[J]. J Mater Chem A, 2017, 5: 37-48.

[21] Wei J, Jiao X L, Wang T, et al. Fast, simultaneous metal reduction/deposition on electrospun a-WO_3/PAN nanofiber membranes and their potential applications for water purification and noble metal recovery [J]. J Mater Chem A, 2018, 30: 1-11.

[22] Lin L L, Pei F, Fu A, et al. Fiber network composed of interconnected yolk-shell carbon nanospheres for high-performance lithium-sulfur batteries[J]. Nano Energy, 2018, 54: 50-58.

[23] Zheng X, Zheng Y H, Zhang H J, et al. Flexible MoS_2 @ electrospun PVDF hybrid membrane as advanced anode for lithium storage[J]. Chem Eng J, 2019, 370: 547-555.

[24] Wang X F, Qian Y M, Wang L N, et al. Sulfurized Polyacrylonitrile Cathodes with High Compatibility in Both Ether and Carbonate Electrolytes for Ultrastable Lithium-Sulfur Batteries[J]. Adv Funct Mater, 2019, 29: 1902929-1902931.

[25] Li C, Ding Y W, Hu B H, et al. Temperature-Invariant Superelastic and Fatigue Resistant Carbon Nanofiber Aerogels[J]. Adv Mater, 2019, 28: 1904331-1904338.

[26] Yu Z L, Qin B, Ma Z Y, et al. Superelastic Hard Carbon Nanofiber Aerogels[J]. Adv Mater, 2019, 31: 1900651-1900660.

[27] Li S C, Hu B C, Ding Y W, et al. Wood-Derived Ultrathin Carbon Nanofiber Aerogels[J]. Angew Chem, 2018, 130: 1-7.

[28] Ma Y, Lv P, Duan F, et al. Direct Z-scheme Bi_2S_3/$BiFeO_3$ heterojunction nanofibers with enhanced photocatalytic activity[J]. J Alloys Compd, 2020, 834: 155158-155170.

[29] Deng H Z, Xu F Y, Cheng B, et al. Photocatalytic CO_2 reduction of C/ZnO nanofibers enhanced by an Ni-NiS cocatalyst[J]. Nanoscale, 2020, 12: 7206-7213.

［30］Yu D D, Bai J, Wang J Z, et al. Design and fabrication of PdO/Ce$_x$O$_y$ composite catalysts with coaxial nanotuber and studies of their synergistic performance in Suzuki-Miyaura reactions［J］. J Catal, 2018, 365：195-203.

［31］Guo L P, Bai J, Li C P, et al. A novel catalyst containing palladium nanoparticles supported on PVP-composite nanofiber films：Synthesis, characterization and efficient catalysis［J］. Appl Surf Sci, 2013, 283：107-114.

［32］Guo S J, Bai J, Liang H O, et al. The controllable preparation of electrospun carbon fibers supported Pd 4 nanoparticles catalyst and its application in Suzuki and Heck reactions［J］. Chinese Chem Lett, 2016, 3522-3527.

［33］Bao G Y, Bai J, Li C P, et al. Synergistic effect of the Pd-Ni bimetal/carbon nanofiber composite catalyst in Suzuki coupling reaction［J］. Org Chem Front, 2019, 6：352-362.

第4章 碳纤维基柔性电极材料的
制备及其超级电容器性能

4.1 引言

CNFs 已在能源、有机催化、光催化和电催化等领域有着广阔的应用前景,绝大多数研究者将 CNFs 作为载体材料,或者讨论其与活性物质的协同效应,本章重点介绍如何调控实验过程中的各项技术参数来实现柔性 PAN 基 CNFs 的高石墨化和高电子传导性,将材料用于超级电容器的构建,并考察各项实验参数对电极材料电化学性能的影响,同时探讨 CNFs 自身的结构缺陷对其电化学性能的影响机制,深入研究 PAN 基 CNFs 在电化学反应过程中的主导作用,阐明碳材料的结构及电子传导性的变化如何影响电化学反应进程。具体研究思路如图 4-1 所示。

目前电极材料主要以自支撑或者直接负载于基底材料上和利用导电剂黏合剂与基底材料相结合的三种形式出现在超级电容器体系中,电极材料直接负载于基底材料上会增加电极材料在电化学反应过程中流失的风险,导电剂和黏结剂会对电极材料本身的电子传输产生影响[1-3],将静电纺丝与高温焙烧技术相结合,一步法制备具有自支撑结构的高石墨化柔性 CNFs,无须导电剂和黏结剂,将 CNFs 作为电极材料直接与泡沫镍压制成电极,深入研究 CNFs 的制备条件和结构与其电化学性能之间的关系,得出 CNFs 的缺陷结构、石墨化程度和电子传导性与电荷存储/释放之间的影响机制。

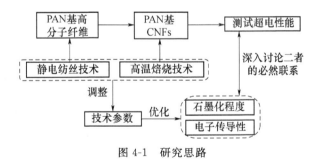

图 4-1 研究思路

4.2 实验

4.2.1 实验试剂及实验仪器

本章所用主要试剂见表 4-1,主要实验仪器见表 4-2,主要表征设备见表 4-3。

表 4-1 实验试剂

药品名称	化学式	规格	生产厂家
聚丙烯腈	$(C_3H_3N)_n$	$M_w = 80,000$	昆山鸿昱塑胶有限公司
N,N-二甲基甲酰胺	C_3H_7NO	AR，99%	阿尔法凯撒化学试剂有限公司
无水乙醇	C_2H_6O	AR，98%	国药集团化学试剂有限公司
氢氧化钾	KOH	GR，99.5%	国药集团化学试剂有限公司
丙酮	C_3H_6O	AR，99%	天津永晟精细化工有限公司
盐酸	HCl	AR，36.66%	天津风船化学试剂科技有限公司

表 4-2 实验仪器

仪器名称	型号	生产厂家
六联磁力加热搅拌器	HJ-6	金坛华峰仪器有限公司
电热鼓风干燥箱	DHG-9053A	上海一恒科学仪器有限公司
真空管式炉	SGL-1400	上海大恒光学精密机械有限公司
高压电源	DW-P503-1ACCC	天津东文高压电源厂
电化学工作站	CHI660E	上海辰华仪器公司
蓝电电池测试系统	CT2001A	武汉市蓝电电子股份有限公司
Hg/HgO 参比电极	R0510	天津艾达恒晟科技发展有限公司
铂电极	Pt 网	天津艾达恒晟科技发展有限公司
多用铂电极夹具	JJ110	天津艾达恒晟科技发展有限公司
台式粉末压片机	FYC-25	天津市思创精实科技有限公司
高压反应釜	定制	海安县石油科研仪器有限公司

表 4-3 实验表征设备

仪器名称	型号	生产厂家
扫描电子显微镜	SU8220	日本日立(Hitachi)公司
高分辨透射电子显微镜	JEM-2010	日本电子(JEOL)株式会社
X 射线衍射仪	Smartlab 9kW	日本理学(Rigaku)公司
X 射线光电子能谱仪	Escalab 250xi	美国赛默飞世尔(Thermo fisher)科技公司
傅立叶变换红外光谱仪	is50	美国赛默飞世尔(Thermo fisher)科技公司
同步热分析仪	STA449 F3	德国耐驰(NETZSCH)公司
拉曼光谱分析仪	inVia	英国雷尼绍(Renishaw)公司

4.2.2　电极材料制备过程

电极材料经过静电纺丝和高温热处理等一系列典型碳纤维制作过程制备得到,碳化温度分别设定在 600℃、800℃、1000℃和 1200 ℃,得到的电极材料分别标记为:CNFs-600、CNFs-800、CNFs-1000 和 CNFs-1200,将最终样品密闭于自封袋中备用。

4.2.3　电极材料电化学性能测试

1. 制备电极

将泡沫镍裁剪成圆形小片,依次放在丙酮和稀盐酸中超声振荡,以除去泡沫镍表面的油脂和氧化物,再用无水乙醇和去离子水超声清洗,最后将洗好的泡沫镍在烘箱中干燥,得到具有金属光泽的泡沫镍置于自封袋中备用。

　　分别将电极材料 CNFs-600、CNFs-800、CNFs-1000 和 CNFs-1200 裁剪为质量为 0.5 mg 的圆形小片,随后将其夹在两片处理好的泡沫镍中间,不使用黏合剂和导电剂用压片机一次压制成型即可,电极即制作完成。电极材料制备过程如图 4-2 所示。

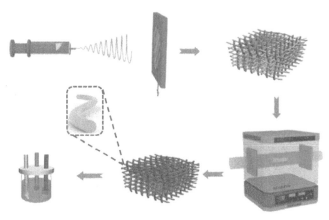

图 4-2　样品制备示意图

2. 电化学性能测试

　　上述制备好的电极片为工作电极,饱和甘汞电极(Hg/HgO)为对电极,铂网为参比电极组成三电极体系,电极经活化后在 4 mol·L⁻¹ KOH 电解液中测试其电化学性能。循环伏安测试扫描速率分别为 2 mV·s⁻¹、5 mV·s⁻¹、10 mV·s⁻¹、20 mV·s⁻¹、30 mV·s⁻¹、50 mV·s⁻¹、70 mV·s⁻¹ 和 100 mV·s⁻¹;测试电压窗口为 −0.85～0.05 V;恒流充放电(GCD)测试的电流密度分别为 0.5 A·g⁻¹、0.8 A·g⁻¹、1 A·g⁻¹、3 A·g⁻¹、5 A·g⁻¹、8 A·g⁻¹、10 A·g⁻¹、15 A·g⁻¹ 和 20 A·g⁻¹,测试电压窗口为 −0.85～0.05 V;交流阻抗测试(EIS)频率范围为 0.01～10⁵ Hz,在稳定开路电位下输入正弦交流信号振幅为 5 mV;电极材料的循环稳定性测试在恒电流密度 5 A·g⁻¹ 下进行;材料的比电容值通过公式(4-1)进行计算。

$$C = \frac{I \times \Delta t}{m \times \Delta V} \qquad (4\text{-}1)$$

式中,$C(\text{F·g}^{-1})$ 为材料的比电容,$I(\text{A})$ 为放电电流,$\Delta t(\text{s})$ 为放电时间,$m(\text{mg})$ 为电极材料的质量,$\Delta V(\text{V})$ 为 GCD 测试中电压窗口的电势差。

　　将所制备电极材料组装成对称超级电容器进一步研究其储能性能,二电极体系中,上述制备好的电极分别作为正极和负极,活化后在 4 mol·L⁻¹ KOH 电解液中测试其电化学性能,循环伏安测试的扫描速率分别为 10 mV·s⁻¹、20 mV·s⁻¹、30 mV·s⁻¹、40 mV·s⁻¹ 和 50 mV·s⁻¹;测试电压窗口依材料而定;恒流充放电(GCD)测试的电流密度分别为 0.3 A·g⁻¹、0.5 A·g⁻¹、1 A·g⁻¹、3 A·g⁻¹ 和 5 A·g⁻¹;电极材料的循环稳定性测试在恒电流密度 5 A·g⁻¹ 下进行;材料的能量密度 $E(\text{Wh·kg}^{-1})$ 和功率密度 $P(\text{kW·kg}^{-1})$ 通过公式(1-10)和式(1-11)计算。

4.2.4　实验结果与讨论

　　图 4-3a 所示是 PAN 基高分子纤维膜的 FESEM 图,从图中可以看出纤维表面光滑、平直、纤维直径分布均匀且纤维呈连续的一维形貌,图 4-3b,c,d 和 e 分别是将样品在 600℃、

800℃、1000℃和1200 ℃下焙烧得到 CNFs 的 FESEM 图,从图中可以看出 CNFs 仍然保持平直、连续且光滑的形貌,无明显烧结和团聚现象发生,与 a 图相比,焙烧前后 CNFs 形貌无太大改变,纤维仅在直径上略有减小,系焙烧过程中纤维组分走失和碳结构重整所致。

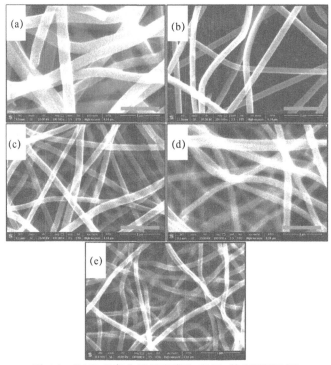

图 4-3　PAN 基高分子纤维膜和 CNFs 的 FESEM 图
(a:高分子纤维膜,b:CNFs-600,c:CNFs-800,d:CNFs-1000,e:CNFs-1200)

图 4-4 所示是 PAN 基高分子纤维膜、预氧化纤维膜和不同焙烧温度下得到 CNFs 的红外光谱图,在①曲线中,位于 2938 cm^{-1}、2243 cm^{-1}、1731 cm^{-1} 和 1665 cm^{-1} 处的红外吸收峰分别归因于—CH_3 的伸缩振动、—C≡N 的伸缩振动、—C═O 的伸缩振动和—C—N 的伸缩振动,1453 cm^{-1} 处的红外吸收峰归因于—C—H 的非对称面内弯曲振动,在②、③、④、⑤和⑥曲线中这些特征吸收峰均消失,取而代之的 1604 cm^{-1} 和 1391 cm^{-1} 处出现 C═C 和 C—O 的伸缩振动峰[4-7],且随焙烧温度升高,峰强逐渐减弱;证明 PAN 基高分子纤维膜在热处理过程中纤维结构逐渐向石墨化方向转变,随着焙烧温度升高石墨化程度逐渐完善。

图 4-5 中的①、②、③和④分别对应 CNFs-600、CNFs-800、CNFs-1000 和 CNFs-1200 的拉曼光谱信息,G 峰和 D 峰的强度比(I_D/I_G)用来衡量碳材料结构的无序度,其中 G 峰(~1580 cm^{-1})是由碳环或者结构中所有 sp^2 杂化的碳原子拉伸运动产生,代表理想的石墨结构,而 D 峰(~1320 cm^{-1})则代表石墨微晶上的缺陷和无序碳杂质[8-10],从图中可以看出随着焙烧温度升高 G 峰强度逐渐升高而 D 峰强度逐渐减弱,I_D/I_G 的比值从 1.16 逐渐降低到 0.82,证明 CNFs 的石墨化程度随焙烧温度的升高而逐渐得到完善,这对红外光谱信息中关于样品的石墨化转变做了很好补充;2900 cm^{-1} 附近出现反应材料缺陷密度的 D+G 峰,四个样品中,CNFs-600 峰强最强,缺陷密度最大,焙烧温度升高,缺陷密度降低,CNFs 结构中的缺陷对其电化学性能具有深远影响,在 CNFS 结构中适当引入缺陷结构可改善活性位点密度和局域电荷密度,从而提高材料的电化学性能。

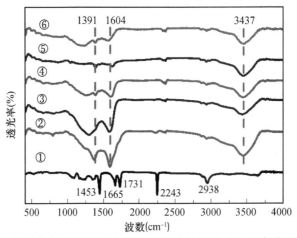

图 4-4 样品的红外光谱表征（①：高分子纤维膜，②：预氧化纤维膜，
③：CNFs-600，④：CNFs-800，⑤：CNFs-1000，⑥：CNFs-1200）

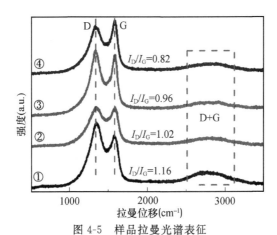

图 4-5 样品拉曼光谱表征
（①：CNFs-600，②：CNFs-800，③：CNFs-1000，④：CNFs-1200）

图 4-6 中的①、②、③和④分别对应 CNFs-600、CNFs-800、CNFs-1000 和 CNFs-1200 的 XRD（X 射线衍射光谱）谱图，图中显示，仅 $2\theta \approx 24°$ 出现一个明显的宽峰，为 C(002) 的特征衍射峰[5-8]，证明所制备的 CNFs 均呈现石墨网状结构，与图 4-4 和图 4-5 得到的结论一致。

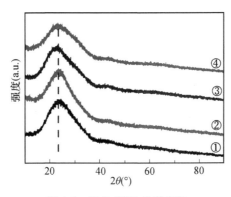

图 4-6 样品 XRD 光谱表征
（①：CNFs-600，②：CNFs-800，③：CNFs-1000，④：CNFs-1200）

同步热分析的原理是将热分析过程中产生的逸出气氛直接引入气相质谱分析仪和红外气体池中,实现逸出气氛在线实时检测,目的是原位分析何种物质的物理或化学变化引起 TG-DSC 曲线的变化,为阐明材料在热分析过程中结构及组分的变化提供有力证据。PAN 基高分子纤维膜的同步热分析如图 4-7 所示,程序温度 50～1300 ℃,升温速率 10 ℃·min⁻¹。图 4-7a曲线①表示 PAN 基高分子纤维膜在程序温度控制下的 TG 信息,曲线显示三个明显的失重阶段,第一阶段失重率为 4.02%,发生在 50～172 ℃,主要失重发生在第二阶段 172～736 ℃,失重率达 48.71%,第三阶段失重 10.16%,发生在 736～1300 ℃;图 4-7a 曲线②是 PAN 基纤维膜在热失重过程中伴随的吸放热(DSC)信号,在第二失重阶段的 290 ℃附近有一个尖锐的放热峰,说明测试过程中此温度附近吸放热的功率变化明显,所对应的化学及物理变化较剧烈;第三阶段失重对应一个明显的吸热峰,发生在 1050 ℃附近。

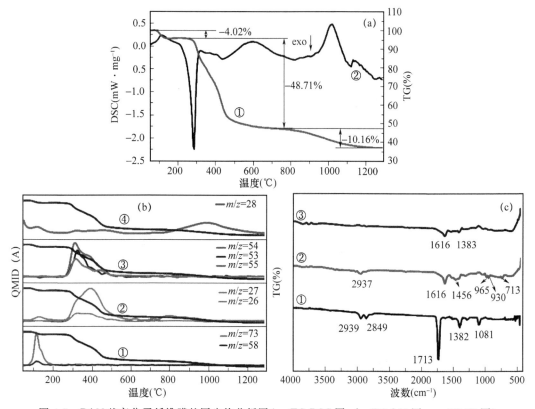

图 4-7　PAN 基高分子纤维膜的同步热分析图(a：TG-DSC 图,b：TG-MS 图,c：FT-IR 图)

图 4-7b 是对不同失重阶段对应逸出气氛进行气相质谱分析的 TG-MS 图,其中曲线①显示,122 ℃处出现的两个峰值分别对应 $m/z=58$ 和 73,结合高分子纤维膜组分的化学式和表 4-4 对热分析过程中逸出气氛的组分分析可知,$m/z=58$ 和 73 代表 DMF 中的脱落片段;曲线②和③为 TG 曲线中第二失重阶段对应的 TG-MS 图,峰值出现在 310～400 ℃之间,此阶段已远超出 DMF 的沸点(153 ℃),结合组分的化学式和表 4-4 可知,$m/z=26,27,53,54$ 和 55 是由 PAN 以不同的片段形式脱落所致,故此阶段的失重皆由 PAN 的变化引起;曲线④只有一条 MS 曲线,$m/z=28$,且峰值出现在 992 ℃,属高温段,结合图 4-4、图 4-5、图 4-6 的光谱分析结果可知,此时碳纤维已呈现较高的石墨化程度,故在此阶段碳纤维中的碳逐渐向 sp² 杂化相转变和石墨化结构的完善是此阶段材料失重的主要原因,此阶段后,碳纤维的耐热性、强度、

韧性、物理及化学稳定性都得到了极大提高。

图 4-7c 中的①、②和③曲线分别对应三个失重阶段最快失重速率发生时逸出气氛的气体红外图谱,对应的程序时间点分别为 7.32 min、40.34 min 和 91.24 min(考虑到管路传输,红外气体池的检测稍有滞后),①中 1713 cm^{-1}、1382 cm^{-1} 和 1081 cm^{-1} 分别对应—C≡O 的伸缩振动峰、—CH_3 面内弯曲振动峰和—C≡N 的伸缩振动峰,2939 cm^{-1} 和 2849 cm^{-1} 对应—CH_3 的双重伸缩振动峰[5-8],这些恰好是 DMF 结构中部分有机基团的片段信息,与图 4-7b 的曲线①和表 4-4 中的 $m/z=58$ 和 73 恰好相符,证明 TG 曲线中的第一个失重阶段是由 DMF 的走失引起;②曲线中 1416 cm^{-1}、1456 cm^{-1} 和 965 cm^{-1} 分别对应—C≡N 的伸缩振动峰、—C—H 非对称面内弯曲振动峰和—RHC═CH_2 烯烃平面外弯曲振动峰[5-8],这些是 PAN 结构中部分有机基团的片段信息,与图 4-7b 中图②、③和表 4-4 中的 $m/z=26,27,53,54$ 和 55 恰好相符,证明发生最大失重率的第二阶段是由 PAN 碳链上的部分有机基团脱落所致;图 4-7c 曲线③中已无明显的有机基团信息,仅在 1616 cm^{-1} 有一处对应—C≡N 的伸缩振动峰出现[5-8]。热处理过程对碳材料的形貌、结构和性质会产生深远影响,因而针对碳材料的不同应用需求设计不同的热处理方案显得尤为重要,本章热分析结果表明 PAN 在热处理过程中经历三个阶段,分别是 DMF 挥发段、PAN 结构重整段和石墨化程度完善段[9-14]。

表 4-4　PAN 基纤维膜热分析过程中逸出气氛分析

m/z	可能基团	$T_o \sim T_e$(℃)	T_p(℃)
26	—C≡N	283~468	323
27	H—C≡N	286~544	397
28	—CH_2—CH_2—	780~1238	992
53	CH_2=CH— $\quad$ | $\quad$CN	248~509	333
54	CH_3—CH— $\quad$ | $\quad$CN	251~519	316
55	CH_3—CH_2 $\quad$ | $\quad$CN	260~509	319
58	CH_3\N—C—H(O)	79~183	122
73	CH_3,CH_3\N—C—H(O)	66~207	122

X 射线光电子能谱技术(XPS)可为深入研究电极材料的组成与含量、化学状态、分子结构及化学键等提供很多有价值的信息,不但可提供总体方面的化学信息,还可提供表面、微小区域和深度分布等方面的信息。图 4-8 是 CNFs-800 的 XPS 谱图,图 4-8a 是总谱图,在结合能 285.15 eV、398.24 eV 和 532.43 eV 处的 C_{1s}、N_{1s} 和 O_{1s},分别代表所测试样品中含有 C、N 和

O 3 种元素;图 4-8b～d 是所测试样品 C$_{1s}$、N$_{1s}$ 和 O$_{1s}$ 的高分辨 XPS 谱图,其中,图 4-8b 显示 C$_{1s}$ 的四个主要分峰结果,在 284.80 eV、285.82 eV 和 289.31 eV 处的结合能分别代表 C-sp^2、 C-sp^3 和 O—C ═O 的峰,佐证 CNFs 中的 C 被空气中 O$_2$ 氧化的同时其杂化态也逐渐转变为 sp^2 和 sp^3 共存的形式,C 杂化状态的不统一为电极材料在电化学反应增加更多的活性位点;图 4-8c 是 N$_{1s}$ 的三个主要分峰结果,在 398.24 eV、400.50 eV 和 404.07 eV 处的结合能分别代表 NH$_2$、NH 和 C—N;图 4-8d 是 O$_{1s}$ 的三个主要分峰结果,在 532.43 eV 结合能处的最强峰代表 N—O 的存在,在 530.73 eV 和 534.03 eV 处的电子结合能分别代表 C ═O 和 C—O 的 峰[6,8,11,14]。以上分析结果表明,CNFs-800 中各主要元素之间以牢固的化学键互相结合,热处 理过程为 CNFs 的结构转变提供了适宜条件,其 C 元素以混合杂化态的结构形式出现将缺陷 结构引入电极材料,为材料电化学性能的提高创造有利条件。

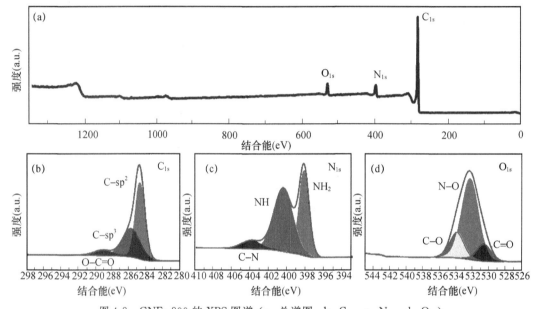

图 4-8 CNFs-800 的 XPS 图谱(a:总谱图,b:C$_{1s}$,c:N$_{1s}$,d:O$_{1s}$)

将所制备样品组成三电极体系并进行电化学性能测试,结果列于图 4-9,其中图 4-9a 是 CNFs-800 在不同扫描速率下的 CV 曲线,从图中可以看出,闭合曲线中没有出现明显的氧化还 原峰,且关于 Y 轴零电流位置呈标准的对称矩形形状,属典型双电层电容性质,当扫描方向反向 时,电流产生快速响应,电流转向迅速,说明电极材料在充放电过程中呈现良好的动力学可逆性, 随着扫描速率增加,同一电位值所对应的电流密度值也在逐渐增加,说明电极材料适合在大电流 密度下工作;图 4-9b 是 CNFs-600、CNFs-800、CNFs-1000 和 CNFs-1200 在 20 mV・s^{-1} 扫速 下所围成的 CV 曲线,四组电极材料相比,CNFs-800 在此测试中表现最佳,其 CV 曲线所围成的 面积高于另外三组材料,说明 CNFs-800 的电容值最高;图 4-9c 是在 0.5 A・g^{-1} 下对电极材料进 行恒电流充放电测试得到的 GCD 曲线,图中显示,四组电极材料的 GCD 曲线均呈线性对称的充 放电曲线,无明显电压降,表明材料的典型双电层电容行为,且随着材料焙烧温度的升高,其放 电时间呈现先增加后减少的趋势,CNFs-600、CNFs-800、CNFs-1000 和 CNFs-1200 的放电时 间依次为 475 s、488 s、346 s 和 293 s,CNFs-800 在相同的电流密度下表现出最优的电化学性 能,与图 4-9b 测试结果一致;图 4-9d 是不同电流密度下四组电极材料的比电容值变化图,从 图中可以看出,在 0.5 A・g^{-1} 的电流密度下 CNFs-600、CNFs-800、CNFs-1000 和 CNFs-1200

的比电容值依次为 263.92 F・g^{-1}、271.11 F・g^{-1}、192.50 F・g^{-1}和 162.78 F・g^{-1},且电流密度无论大小,CNFs-800 作为电极材料时的比电容值都高于其他三组材料,这与循环伏安测试和恒电流充放电测试结果均一致。从前述材料的表征结果看,CNFs-800 的石墨化程度和缺陷密度都不是四个样品中的最佳,却表现出最优的电化学性能,石墨化程度过高,导电性增加,利于电荷传导不利于电荷存储,缺陷密度增加虽然会提高材料的局域电子密度和活性位点,但是会增加材料的无序度,无法充分发挥双电层的优势,而 CNFs-800 恰好出现在二者的"平衡点",故其电化学性能最优[15-17]。

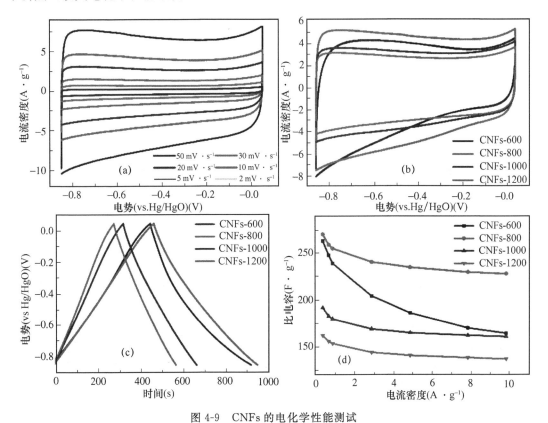

图 4-9　CNFs 的电化学性能测试

（a：CNFs-800 在不同扫速下的 CV 曲线,b：20 mV・s^{-1}扫速下不同样品的 CV 曲线,
c：电流密度 0.5 A・g^{-1}下不同样品的 GCD 曲线,d：不同电流密度下对应样品的比电容值变化图）

EIS 常用来对电化学电容器的电极与电解液界面间的电阻及电容行为进行表征,图 4-10 所示是四组电极材料在 0.01 Hz～100 kHz 范围内的阻抗图谱,在相同频率范围内对电化学行为进行拟合,在 Nyquist 图高频区中可直接读出电荷转移过程中的拟合电阻,最高阻值为 0.58 Ω,最小阻值为 0.55 Ω,均表现出低电荷转移电阻的特性,低频区的 Warburg 线表示电极和电解液之间电子及离子的传输速率,大多数电极材料的 Warburg 线与横轴几乎垂直,说明电极材料具有良好的电容性能和较高的电子及离子扩散率,表明接近纯电容行为[15-17]。

如图 4-11 所示,对四组电极材料在 5 A・g^{-1}的电流密度下进行循环稳定性测试,CNFs-600、CNFs-800、CNFs-1000 和 CNFs-1200 的电容保持率分别为 103.66％、91.15％、90.81％和 98.34％,每一组电极材料均表现出良好的循环稳定性。

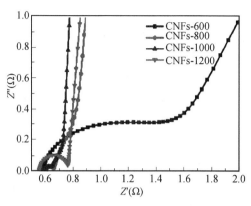

图 4-10 CNFs 的阻抗图谱

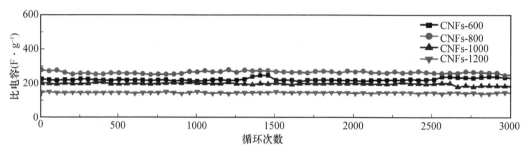

图 4-11 CNFs 在 5 A·g^{-1} 下的循环稳定性测试

将 CNFs-800 组装成全碳对称超级电容器,并研究其一系列电化学性能,如图 4-12 所示。图 4-12a 为不同扫速下的 CV 曲线,当扫描速率从 10 mV·s^{-1} 增加到 50 mV·s^{-1} 时,CNFs//CNFs 的 CV 曲线没有发生变形,说明二电极体系具有优异的可逆性;图 4-12b 和图 4-12c 的 GCD 曲线进一步证实对称超级电容器在不同电流密度下的电化学性能,当电流密度为 0.3 A·g^{-1}、0.5 A·g^{-1}、1.3 A·g^{-1} 和 5 A·g^{-1} 时,比电容值分别为 66.46 F·g^{-1}、47.00 F·g^{-1}、31.99 F·g^{-1}、18.55 F·g^{-1} 和 14.24 F·g^{-1},比电容值随电流密度的增加而减小,这是由于电流密度增加的速率高于电荷在电极材料上的脱嵌速率,使得储能性能有所下降;图 4-12d 是二电极体系下,CNFs//CNFs 的循环稳定性测试,电极材料在经过 1000、2000、3000、4000 和 5000 圈循环后其电容保持率分别为 78.10%、78.18%、68.17%、77.51% 和 69.84%,没有表现出大幅下降的趋势,电极材料的循环稳定性良好。

功率密度(P)和能量密度(E)是电化学实际应用中的两个重要参数,根据式(1-10)和式(1-11)可计算出二者数值,如图 4-13a 所示,当功率密度值分别为 266.60 W·kg^{-1}、377.60 W·kg^{-1}、755.20 W·kg^{-1}、2265.70 W·kg^{-1} 和 3776.90 W·kg^{-1} 时,能量密度分别为 21.05 Wh·kg^{-1}、14.89 Wh·kg^{-1}、10.13 Wh·kg^{-1}、5.87 Wh·kg^{-1} 和 4.51 Wh·kg^{-1},具有较好的功率密度和能量密度;如图 4-13b 所示,将组装好的超级电容器与工作电压 3 V 的小灯泡相连,当超级电容器充电完成后,接入电路,可供小灯泡持续发亮,证明由 CNFs-800 所制备的超级电容器材料具备实际应用的前景。

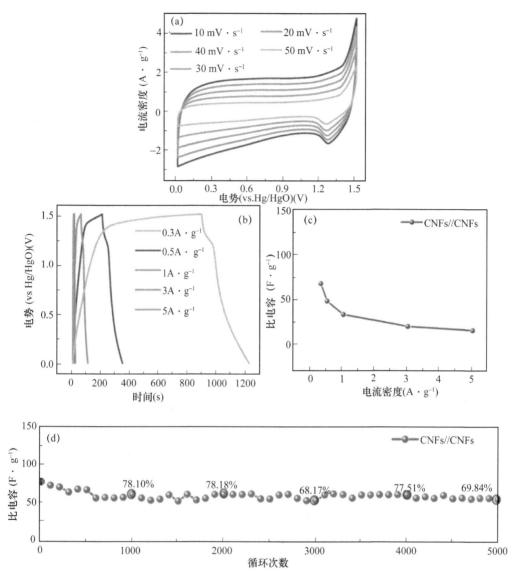

图 4-12 CNFs//CNFs 对称超级电容器的电化学性能测试（a：不同扫描速率下的 CV 曲线，b：不同电流密度下的 GCD 曲线，c：不同电流密度下的比电容值，d：循环稳定性测试）

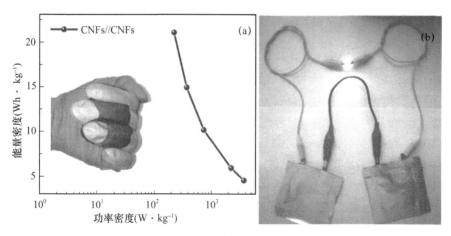

图 4-13 CNFs//CNFs 的 Ragone 图和 LED 测试（a：Ragone 图，b：LED 测试）

41

4.2.5 CNFs 结构演变进程与电化学性能之间的关系

根据电极材料表征结果,并结合文献报道[18-22],对 PAN 基高分子纤维膜在焙烧过程中结构如何演变进行推测。由 PAN 基高分子纤维的同步热分析过程可知,在程序升温过程中高分子纤维膜共经历了三个主要阶段:分别是 DMF 挥发段、PAN 结构重整段和石墨化结构完善段。溶剂 DMF 的沸点是 153 ℃,当程序温度达到 200 ℃时即可彻底挥发分解,对 PAN 结构变化造成的影响很小。在 400 ℃以下的较低温度段,主要发生 PAN 分子链内的脱氢和环化,使原来的碳链逐步演化为含有一个 N 原子的六元环;温度继续升高,在 400～600 ℃程序温度范围内,六元环之间发生脱氢反应,此时 PAN 的结构已经与高分子链状结构相去甚远,初步呈现出含有 N 原子掺杂的石墨网状结构;当程序温度≥600 ℃时,N 原子逐步脱出,石墨网状结构逐步得到完善。

碳纳米纤维的结构转变与热处理过程息息相关,若要得到不同物化性质和结构的碳纤维,须对不同程序温度控制下生成碳纤维的结构和性质做详细研究。碳纤维结构中 C 原子之间的 σ 键以 sp^2 杂化形式成键,每个 C 原子有一个未成对电子垂直于 π 轨道,因此,随着焙烧温度的升高,石墨化程度提高,材料的电荷转移能力提高。仔细分析电化学性能测试结果,四组样品中,CNFs-800 电化学性能最优,原因有三点:①电极材料的导电性在超级电容器存储和释放电荷过程中起到至关重要的作用,导电性太强,电荷迅速通过,无法实现电容性质;导电性太弱电阻过大,无法实现电荷在短时间内大量聚集,造成充电时间过久,失去超级电容器的意义。CNFs-800 的焙烧温度为 800 ℃,此时 PAN 分子链完成脱氢和环化,分子链之间继续脱氢并且互相连接成网状,正在向着更完整的石墨化方向转变,此时的电荷传输能力虽不是最高,但作为超级电容器材料,同样的电流密度下却可以使亥姆霍兹层存储更多的电荷,从而提供更多的电荷存储空间;②石墨化进程并不是一帆风顺,在结构转变过程中,会出现不利于完美石墨网状结构转变的缺陷,例如结构缺陷,本应该出现六元环的位置被五元环和七元环等非六元环取代,使纤维在某些位置出现一定的“角度”;非 sp^2 碳缺陷,包括纤维边缘原子和结构的缺陷,空位缺陷和吸附原子与间隙原子缺陷而导致的 sp^2 杂化形式不完全,缺陷结构会在提供更多活性位点的同时抑制电荷传递,只有当缺陷与石墨化程度达到平衡才可使材料在电化学反应过程中发挥最大的性能;③焙烧温度在 800 ℃时,纤维结构上仍存在 N 原子,这相当于在碳纤维的结构上进行了 N 掺杂,N 原子比 C 原子多一个电子,这种类型的掺杂可以提高碳材料表面的局域电子密度,从而提供更加丰富的活性位点。

4.3 小结

将静电纺丝与高温焙烧技术相结合,通过对焙烧条件的调控达到调控 CNFs 微观形貌和结构的目的,一步构筑 PAN 基 CNFs,并将制备得到的 CNFs 用于三电极和二电极体系下超级电容器的构建;如文中所述,CNFs-800 在 $0.5\ A \cdot g^{-1}$ 的电流密度下放电时间为 488 s,比容值为 $271.11\ F \cdot g^{-1}$;在 $5\ A \cdot g^{-1}$ 的电流密度下进行循环稳定性测试,CNFs-800 在循环充放电 3000 圈后的电容保持率为 91.15%,体现出良好的循环稳定性,将电极材料组装成全碳对称型超级电容器,能量密度为 $4.51\ Wh \cdot kg^{-1}$ 时功率密度达 $3776.90\ W \cdot kg^{-1}$,充电后,可使工作电压为 3 V 的小灯泡持续发亮;碳纤维作为双电层电容器材料,具有优良的循环稳定性,同时,电极材料具备柔性的特点,这使得一维碳纤维在可穿戴设备和大规模移动用电设备的能源开发上将大有用武之地。

参考文献

［1］ Yoo H D, Markevich E, Salitra G, et al. On the challenge of advanced technologies for electrochemical energy storage and conversion[J]. Mater Today, 2014, 17: 110-121.

［2］ Xing L, Shi W D, Su H N, et al. Membrane electrode assemblies for PEM fuel cells: A review of functional graded design and optimization[J]. Energy, 2019, 177: 445-464.

［3］ 郭丽萍, 白杰, 梁海欧, 等. 静电纺丝基碳纤维载纳米钯催化剂的制备及应用[J]. 无机材料学报, 2014, 29 (8): 814.

［4］ Tas S, Kaynan O, Ozden-Yenigun E, et al. Polyacrylonitrile (PAN)/crown ether composite nanofibers for the selective adsorption of cations[J]. RSC Adv, 2016, 6: 3608-3616.

［5］ Zhang Z Y, Shao C L, Sun Y Y, et al. Tubular nanocomposite catalysts based on size-controlled and highly dispersed silver nanoparticles assembled on electrospun silica nanotubes for catalytic reduction of 4-nitrophenol[J]. J Mater Chem, 2012, 22: 1387-1395.

［6］ Yu D D, Bai J, Liang H O, et al. A new fabrication of AgX (X=Br, I)-TiO$_2$ nanoparticles immobilized on polyacrylonitrile (PAN) nanofibers with high photocatalytic activity and renewable property[J]. RSC Adv, 2015, 5: 91465-91457.

［7］ Patel S, Hota G. Iron oxide nanoparticle-immobilized PAN nanofibers: synthesis and adsorption studies [J]. RSC Adv, 2016, 6: 15402-15414.

［8］ Zhang P, Shao C L, Zhang Z Y, et al. In situ assembly of well-dispersed Ag nanoparticles (AgNPs) on electrospun carbon nanofibers (CNFs) for catalytic reduction of 4-nitrophenol[J]. Nanoscale, 2011: 3357-3363.

［9］ Chen S J, Chen Q D, Cai D P, et al. Defect-mediated synthesis of Pt nanoparticles uniformly anchored on partially-unzipped carbon nanofibers for electrochemical biosensing[J]. J Alloy Compd, 2017, 709: 304-312.

［10］ Woodhead A L, Souzab M L, Churcha J S. An investigation into the surface heterogeneity of nitric acid oxidized carbon fiber[J]. Appl Surf Sci, 2017, 401: 79-88.

［11］ Yuan C, Liu X, Jia M, et al. Facile preparation of N-and O-doped hollow carbon spheres derived from poly(o-phenylenediamine) for supercapacitors[J]. J Mater Chem A, 2015, 3(7): 3409-3415.

［12］ Lin T, Chen I W, Liu F, et al. Nitrogen-doped mesoporous carbon of extraordinary capacitance for electrochemical energy storage[J]. Science, 2015, 350(6267): 1508-1513.

［13］ Yang M, Zhong Y, Bao J, et al. Achieving battery-level energy density by constructing aqueous carbonaceous supercapacitors with hierarchical porous N-rich carbon materials[J]. J Mater Chem A, 2015, 3 (21): 11387-11394.

［14］ Li Y Q, Samad Y A, Polychronopoulou K, et al. Carbon aerogel from winter melon for highly efficient and recyclable oils and organic solvents absorption[J]. ACS Sustain Chem Eng, 2014, 2(6): 1492-1497.

［15］ Wang Y, Song Y, Xia Y. Electrochemical capacitors: mechanism, materials, systems, characterization and applications[J], Chem Soc Rev, 2016, 45: 5925-5950.

［16］ Suss M E, Baumann TF, Worsley MA, et al. Impedance-based study of capacitive porous carbon electrodes with hierarchical and bimodal porosity[J], J Power Sources, 2013, 241: 266-273.

［17］ Cui X, Lv R, Sagar R U R, et al. Reduced graphene oxide/carbon nanotube hybrid film as high performance negative electrode for supercapacitor[J], Electrochim. Acta, 2015, 169: 342-350.

［18］ Zhai Y P, Dou Y Q, Zhao D Y, et al. Carbon materials for chemical capacitive energy storage[J]. Adv Mater, 2011, 23: 4828-4836.

［19］ Ren H Y, Zheng L M, Wang G R, et al. Transfer-medium-free nanofiber-reinforced graphene film and applications in wearable transparent pressure sensors[J]. ACS Nano, 2019, 13: 5541-5549.

[20] Zhou Q, Zhao Z B, Zhang Y T, et al. Graphene sheets from graphitized anthracite coal: preparation, decoration, and application[J]. Energ Fuel, 2012, 26: 5186-5193.

[21] Qin K Q, Kang J L, Lia J J, et al. Continuously hierarchical nanoporous graphene film for flexible solid-state supercapacitors with excellent performance[J]. Nano Energy, 2016, 24: 158-166.

[22] Sidhureddy B, Dondapati J S, Chen A. Shape-controlled synthesis of Co_3O_4 for enhanced electrocatalysis of the oxygen evolution reaction[J]. Chem Commun, 2019, 55(25): 3626-3639.

第5章 氧化钨/碳纤维复合电极材料构建及其在超级电容器领域中的应用研究

5.1 引言

氧化钨是具有 N 型半导体性质的过渡金属氧化物,氧化数与结构的多变性和优异的电子移动能力使其在超级电容器材料的开发研究领域具有广阔的应用前景,但是氧化钨的导电性通常很差,如何扬其长避其短成为突破氧化钨在超级电容器材料中应用的关键。纳米氧化钨具有很多块状形态氧化钨所不具有的性质,如可改变表面能量、可调节材料能量和引起量子限域效应等,同时,由于纳米材料固有的小尺寸,可使其对电化学反应体系中对电荷的传输、电子能带结构和电化学反应进程产生深远影响[1-4]。Huang[1]利用微波辐射法合成氧化钨,实验证实,此法制备得到的氧化钨在 EDLC 中表现出优良的存储/释放电子能力,自此,越来越多的研究者将其应用在超级电容器材料的构建上,2014 年,Peng[3]等将碳纳米纤维网与氧化钨纳米棒结合,制备的电极材料在 0.5 A·g^{-1} 的电流密度下比电容值为 254 F·g^{-1};Wang[4]与研究伙伴将氧化钨分散在碳气凝胶中得到一种新型电极材料,与氧化钨纳米颗粒相比,比电容值从 54 F·g^{-1} 上升到 700 F·g^{-1};Jia[5]利用简单水热法制备具有骨架结构、离子通道和质子通道的介孔自组装六方氧化钨,离子可以同时从材料外表面和管道内表面向管壁扩散,显著减小离子的扩散距离和扩散阻力,三电极体系下,介孔氧化钨(nc-WO$_3$)为工作电极,在电流密度为 0.37 A·g^{-1} 时,其比电容量高达 605.5 F·g^{-1},循环 4000 次之后电容保持率达 110.2%。Yao[6]利用水热法在碳布基体上制备了碳包裹的氧化钨(C@WO$_{3-x}$)纳米线阵列作为负极材料,与二氧化锰包裹的氮化钛(TiN/MnO$_2$)正极组成非对称电容器,C@WO$_{3-x}$ 单电极的有效电容在电流密度为 20 mA·cm^{-2} 时可达 786.8 mF·cm^{-2},体积能量密度为 1.9 mWh·cm^{-3},循环 10000 圈后电容性能可保持 87.7% 以上。

将 CNFs 作为主体电极材料,以偏钨酸铵(AMT)为钨源,结合静电纺丝和高温焙烧技术,制备 CNFs 原位掺杂氧化钨,利用 CNFs 是电的良导体的优势弥补氧化钨在导电性上的不足;利用氧化钨氧化数的多变性和 N 型半导体的结构特点增加 CNFs 在电化学反应过程中可逆电荷存储和释放的容量,研究在电化学反应过程中氧化钨与 CNFs 的作用机制。总体研究思路如图 5-1 所示。

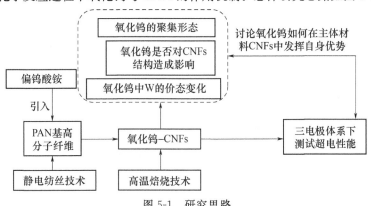

图 5-1　研究思路

5.2 实验

5.2.1 实验试剂及实验仪器

本章所用主要试剂除聚丙烯腈(PAN)、N,N-二甲基甲酰胺(DMF)、丙酮(C_3H_6O)、盐酸(HCl)和氢氧化钾(KOH)见表 4-1 外,其余试剂见表 5-1,主要实验仪器见表 4-2,主要表征设备见表 4-3。

表 5-1　实验试剂

药品名称	化学式	规格	生产厂家
偏钨酸铵	$(NH_4)_6H_2W_{12}O_{40} \cdot xH_2O$	$M_w = 2956.26$	北京伊诺凯科技有限公司

5.2.2 电极材料制备过程

将偏钨酸铵(简称 AMT)与纺丝原液进行原位掺杂,经过充分溶解后得到均一的纺丝前驱体溶液,再经过静电纺丝和高温热处理等一系列典型碳纤维制作过程制备得到氧化钨/碳纤维复合电极材料,碳化温度设定在 800 ℃,根据 $n_{PAN} : n_{AMT}$ 摩尔比(单体)的不同,将所制备电极材料分别命名为:$WO_3@W_{18}O_{49}$-CNFs3001、$WO_3@W_{18}O_{49}$-CNFs4001、$WO_3@W_{18}O_{49}$-CNFs5001 和 $WO_3@W_{18}O_{49}$-CNFs10001,将最终样品密闭于自封袋中备用。

5.2.3 电极材料电化学性能测试

参看 4.2.3 所述。电极材料制备过程如图 5-2 所示。

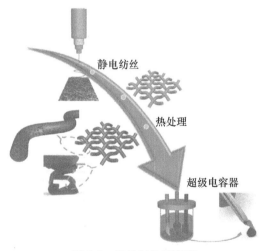

静电纺丝

热处理

超级电容器

图 5-2　样品制备示意图

5.2.4 实验结果与讨论

图 5-3a、c、e 和 g 是掺杂不同量 AMT 的 PAN 基高分子纤维膜的 SEM 图,从图中可以看出,高分子纤维均呈光滑、平直且连续的一维形貌,不同 AMT 掺杂量的高分子纤维只在纤维直径上略有区别,纤维直径在 200～300 nm 之间;图 5-3b、图 5-3d、图 5-3f 和图 5-3h 是掺杂不

同量 AMT 的 PAN 基高分子纤维膜经过热处理后对应碳纤维的 SEM 图,从图中可以看出,样品 $WO_3@W_{18}O_{49}$-CNFs3001 出现纤维断裂和纤维直径变化的情况,系样品在热处理过程中真空管式炉温度变化不均匀所致,样品 $WO_3@W_{18}O_{49}$-CNFs4001 出现纤维轻度粘连的情况,系样品在热处理之前溶剂挥发不尽所致,图 5-3f 和 h 显示热处理后纤维仍保持原貌,仅在纤维直径上与高分子纤维略有不同。

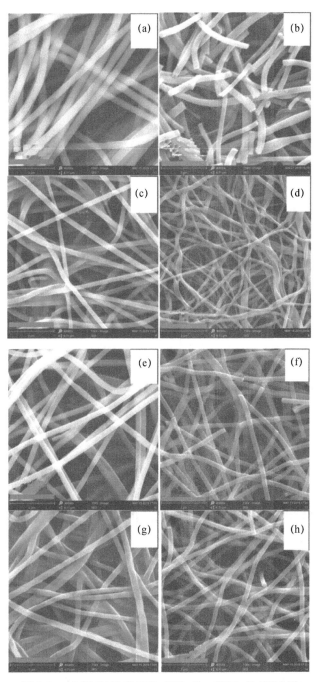

图 5-3　AMT-PAN 和 $WO_3@W_{18}O_{49}$-CNFs 的 SEM 图

(a:AMT-PAN3001,b:$WO_3@W_{18}O_{49}$-CNFs3001,c:AMT-PAN4001,d:$WO_3@W_{18}O_{49}$-CNFs4001,
e:AMT-PAN5001,f:$WO_3@W_{18}O_{49}$-CNFs5001,g:AMT-PAN10001,h:$WO_3@W_{18}O_{49}$-CNFs10001)

将 WO$_3$@W$_{18}$O$_{49}$-CNFs4001 做 TEM 表征,结果如图 5-4 所示。图 5-4a 显示纤维平直且光滑,纤维无明显附着物,直径在 200 nm 左右;图 5-4b 为 WO$_3$@W$_{18}$O$_{49}$-CNFs4001 的能谱图,图中显示样品中有 C、N、O 和 W 四种元素;图 5-4c~f 分别是 C、N、O 和 W 的元素分布图,图中显示,每种元素在纤维体系中分布均匀,无聚集现象;能谱图和元素分布图均可见 W 元素的存在,高分辨透射电镜下探查不到晶相结构的存在,证明样品中的 WO$_3$@W$_{18}$O$_{49}$ 是以非晶态形式存在。

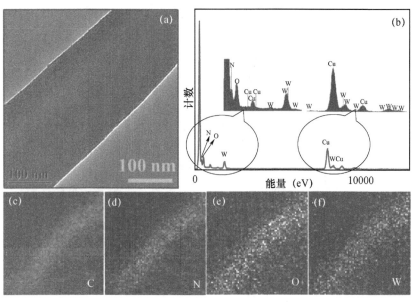

图 5-4 WO$_3$@W$_{18}$O$_{49}$-CNFs4001 的 TEM 图
(a:形貌图,b:能谱图,c~f:元素分布图)

将 AMT-PAN4001 和 WO$_3$@W$_{18}$O$_{49}$-CNFs4001 进行光谱分析,如图 5-5a 所示,曲线①和②分别是 WO$_3$@W$_{18}$O$_{49}$-CNFs4001 和 AMT-PAN4001 的红外谱图,从图中可以看出,AMT-PAN4001 经热处理后,PAN、DMF 和 AMT 的有机基团特征峰已基本消失(2920 cm^{-1} 附近—CH$_3$ 的伸缩振动峰、2239 cm^{-1} 附近—C≡N 的伸缩振动峰、1731 cm^{-1} 附近—C=O 的伸缩振动峰、1660 cm^{-1} 附近—C—N 的伸缩振动峰和 1448 cm^{-1} 附近—C—H 的非对称平面弯曲振动峰),仅在曲线①上可以看到 1583 cm^{-1} 附近 C=C 的伸缩振动峰和 1268 cm^{-1} 附近 C—O 的伸缩振动峰[7-11],证明电极材料制备过程中设定的预氧化和碳化程序能实现材料结构的石墨相转变;结合图 5-5b 拉曼光谱和图 5-5c XRD 测试结果,进一步分析可知,样品在经过预氧化和炭化处理后,CNFs 结构逐渐趋于石墨化,且电极材料存在一定程度的缺陷结构,由图 4-5 可知,CNFs 经过 800 ℃ 焙烧后,I_D/I_G 的比值为 1.02,而图 5-5b 显示的 I_D/I_G 值为 0.98,证明 AMT 的加入不会对 PAN 基 CNFs 的石墨化进程造成不利影响;另外,图 5-5c XRD 测试结果中除 C(002)峰可见外[12-15],无其他任何晶相特征衍射峰出现,证明氧化钨在纤维体系中以无定形形式存在。

图 5-6 是几种样品的热分析曲线,其中图 5-6a 是 PAN 粉末的热失重曲线,整个程序温度控制过程中失重率为 60.38%,当程序温度大于 600 ℃ 之后,整个失重过程变缓;图 5-6b 是 AMT 粉末的热失重曲线,其失重率为 9.91%,当程序温度大于 550 ℃ 后,热分解过程基本进行完全,说明 AMT 转变为 WO$_3$@W$_{18}$O$_{49}$ 后在高温段有良好的热稳定性;图 5-6c 是 PAN-

AMT4001 的热失重曲线,整个曲线光滑且平缓,失重率为 87.78%,没有阶跃式失重现象发生,说明材料在程序升温过程中没有激烈的物理及化学变化,且此升温速率可以为材料在热处理过程中发生的物理及化学变化提供充足的反应时间。

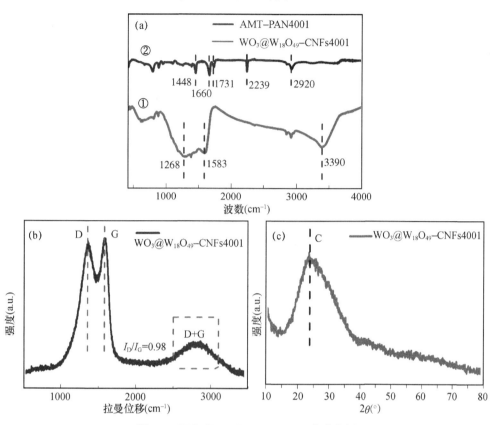

图 5-5　WO$_3$@W$_{18}$O$_{49}$-CNFs4001 光谱表征

(a:红外光谱,b:拉曼光谱,c:XRD 谱图)

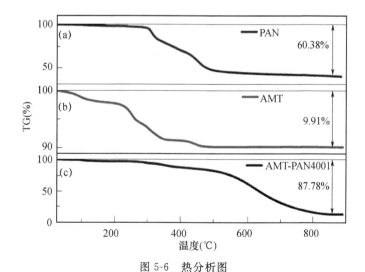

图 5-6　热分析图

(a:PAN 粉末 TG 曲线,b:AMT 粉末 TG 曲线,c:AMT-PAN4001TG 曲线)

图 5-7 是 $WO_3@W_{18}O_{49}$-CNFs4001 的 XPS 谱图。图 5-7a 是总谱图,在结合能 36.53 eV、285.13 eV、399.39 eV 和 531.31 eV 处的 W_{4f}、C_{1s}、N_{1s} 和 O_{1s},分别代表所测试样品中含有 W、C、N 和 O 四种元素;图 5-7b～e 是所测试样品 C_{1s}、N_{1s}、O_{1s} 和 W_{4f} 的高分辨 XPS 谱图,其中,图 5-7b 显示 C_{1s} 的四个主要分峰结果,在 283.93 eV、285.06 eV、286.13 eV 和 288.03 eV 处的结合能分别代表 C-sp^2、C-sp^3、C—O 和 O—C≡O 的峰,佐证主体材料 CNFs 中的 C 被空气中 O_2 氧化的同时其杂化形式也逐渐转变为 sp^2 和 sp^3 共存的形式,电极材料中 C 杂化形式的不统一可在结构中提供大量缺陷位,为材料在电化学反应中增加更多活性位点;图 5-7c 是 N_{1s} 的三个主要分峰结果,在 398.20 eV、399.73 eV 和 400.43 eV 处的结合能分别代表 NH_2、O—W—N 和 NH,充分说明了 N 与 W 之间相结合,这对于提高其催化性能具有十分重要的作用;图 5-7d 是 O_{1s} 的三个主要分峰结果,在 530.37 eV 结合能处的最强峰代表 W-O 的存在,在 532.09 eV 和 533.54 eV 处的电子结合能分别代表 W—O—H 和 C—O 的峰[16-18]。图 5-7e 是 $WO_3@W_{18}O_{49}$-CNFs4001 的 W_{4f} 高分辨 XPS 谱图,图 5-7f 是将 AMT 采取与 AMT-PAN4001 同样热处理过程得到钨氧化物 W_{4f} 的高分辨 XPS 谱图,图 5-7g 是商业 WO_3 的高分辨 XPS 谱图,对比图 5-7e,图 5-7f 和图 5-7g 可知,商业 WO_3 中的 W 元素不含除+6 价以外的其他化学

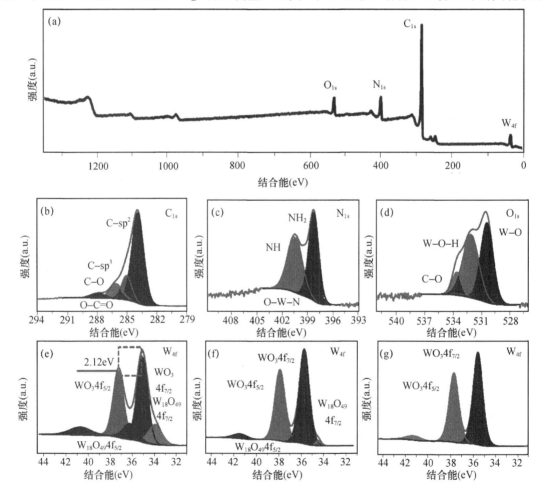

图 5-7　$WO_3@W_{18}O_{49}$-CNFs4001 的 XPS 图谱(a:总谱图,b:C_{1s},c:N_{1s},
d:O_{1s},e:W_{4f},f:AMT 热处理后 W_{4f} 高分辨谱图,g:纯品 WO_3 W_{4f} 高分辨谱图)

态,结合文献报道[17,18]可知图 5-7e 和图 5-7f 中均出现以 $W_{18}O_{49}$ 形式结合的钨,说明与商业 WO_3 相比,AMT-PAN4001 在经过热处理过程后,纤维内部的 W 元素不只以 +6 价的形式存在,原因是 AMT 的加入采用原位掺杂法,热处理过程中,C 对氧化钨的"包裹"起到了一定的"保护"和还原的作用,故 $WO_3@W_{18}O_{49}$-CNFs4001 中 W 元素的价态表现出"混合价态"的特点,同时也说明,实验过程中采取的热处理方法,可以有效地调控 W 的价态分布,而这种"混合价态"的出现可能会对提高其活性具有积极的影响,后续的活性测试将对其进一步验证。

图 5-8 展示了 $WO_3@W_{18}O_{49}$-CNFs 系列样品的电化学性能测试结果,图 5-8a 是 $WO_3@W_{18}O_{49}$-CNFs4001 在不同扫描速率下所围成的 CV 曲线,与图 4-9a 相比,图 5-8a 曲线的类矩形形状稍有改变,关于 Y 轴零电流位置的对称性下降,但仍属双电层电容性质,当扫描方向反向时,电流产生快速响应,电流转向迅速,说明电极材料在充放电过程中呈现良好的动力学可逆性,随着扫描速率的增加,同一电位值所对应的电流密度值也在逐渐增加,说明电极材料适合在大电流密度下工作;图 5-8b 是不同样品在 20 mV·s^{-1} 扫速下所围成的 CV 曲线,四组电极材料相比,$WO_3@W_{18}O_{49}$-CNFs4001 在此测试中表现最佳,其 CV 曲线所围成的面积高于其他三组材料,说明 $WO_3@W_{18}O_{49}$-CNFs4001 的电容性能最优;图 5-8c 是在 0.5 A·g^{-1} 下对电极材料进行恒电流充放电测试得到的 GCD 曲线,图中显示,四组电极材料的 GCD 曲线均呈良好对称性的等腰三角形形状,且随着 AMT 在 CNFs 中掺杂量的不同,其放电时间呈现先增加后减少的趋势,$WO_3@W_{18}O_{49}$-CNFs3001、$WO_3@W_{18}O_{49}$-CNFs4001、$WO_3@W_{18}O_{49}$-CNFs5001 和 $WO_3@W_{18}O_{49}$-CNFs10001 的放电时间分别为 408.17 s、600.97 s、416.35 s 和 324.35 s,$WO_3@W_{18}O_{49}$-CNFs4001 在相同的电流密度下表现出最优的电化学性能,从材料结构上分析,氧化钨的掺杂行为使得 CNFs 中的 C 在石墨网状结构演变过程中出现结构上的"缺陷",可以在材料电化学性能的提升上大有裨益,原因是氧化钨为 N 型半导体,在 CNFs 高导电性的帮助下其富电子结构可以在电极材料充电过程中吸引更多的电荷到电极表面,增加电化学反应过程中可逆电荷存储和释放的容量,以此提高电极材料的电化学性能;图 5-8d 是不同电流密度下四组电极材料的比电容值变化图,从图中可以看出,在 0.5 A·g^{-1} 的电流密度下 $WO_3@W_{18}O_{49}$-CNFs3001、$WO_3@W_{18}O_{49}$-CNFs4001、$WO_3@W_{18}O_{49}$-CNFs5001 和 $WO_3@W_{18}O_{49}$-CNFs10001 的比电容值依次为 226.81 F·g^{-1}、333.91 F·g^{-1}、261.35 F·g^{-1} 和 180.22 F·g^{-1},且无论大电流密度还是小电流密度,$WO_3@W_{18}O_{49}$-CNFs4001 作为电极材料时的比电容值都高于其他三组材料,与循环伏安测试和恒电流充放电的测试结果均一致。

在图 5-9 中,EIS 测试结果由一个半圆形的高频区和一个线性的低频区组成,Nyquist 图高频区的小半圆表示电极材料具有快速的电荷传输能力和较低的电荷转移电阻,$WO_3@W_{18}O_{49}$-CNFs3001、$WO_3@W_{18}O_{49}$-CNFs4001、$WO_3@W_{18}O_{49}$-CNFs5001 和 $WO_3@W_{18}O_{49}$-CNFs10001 的阻值依次为 0.32 Ω、0.30 Ω、0.48 Ω 和 0.57 Ω,低频区的 Warburg 线表示电极材料表面与电解液之间的离子扩散电阻,图中显示随着 AMT 掺杂量的提高,电极材料的离子扩散电阻普遍降低[19-23]。

将 $WO_3@W_{18}O_{49}$-CNFs4001 在 5 A·g^{-1} 的电流密度下进行循环稳定性测试,如图 5-10 所示,循环充放电 5000 圈后,电极材料的电容保持率为 98.88%,并且在整个循环测试中无电容保持率持续下降的趋势,证明材料可满足循环充放电的工作要求。

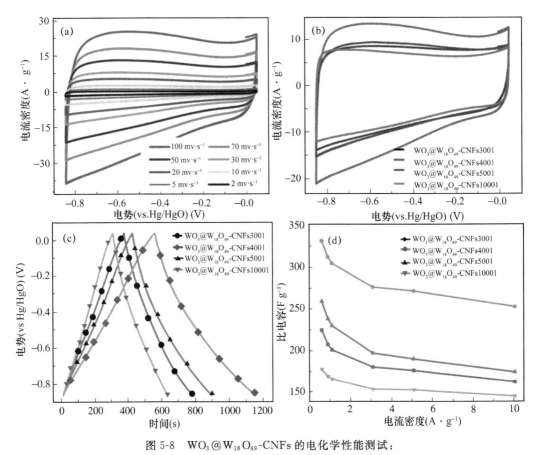

图 5-8　$WO_3@W_{18}O_{49}$-CNFs 的电化学性能测试：

（a：$WO_3@W_{18}O_{49}$-CNFs4001 在不同扫速下的 CV 曲线，b：20 mV·s^{-1} 扫速下不同样品的 CV 曲线，
c：电流密度 0.5 A·g^{-1} 下不同样品的 GCD 曲线，d：不同电流密度下对应样品的比电容值变化图）

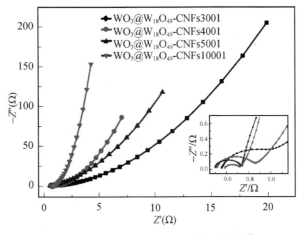

图 5-9　$WO_3@W_{18}O_{49}$-CNFs 的阻抗图谱

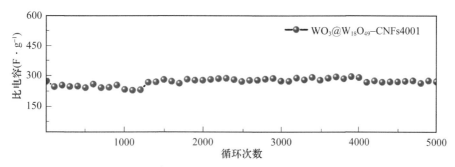

图 5-10　WO$_3$@W$_{18}$O$_{49}$-CNFs4001 在 5 A·g^{-1}下的循环稳定性测试

5.2.5　氧化钨的结构特点与提高 CNFs 电化学性能之间的协同关系

图 5-11 给出了氧化钨与 CNFs 在电化学反应过程中协同关系示意图,氧化钨为 N 型半导体,富电子的结构特点使其容易在电场力作用下增加电化学反应体系中的有效电荷,同时,利用氧化钨氧化数的多变性可增加电化学反应过程中可逆电荷存储和释放的容量,这样,相同的充电时间,CNFs 可获得更多的电荷容量;利用 CNFs 良好的导电能力,放电过程中即可释放更多的有效电荷,达到利用氧化钨来提高主体材料 CNFs 存储/释放电荷能力的目的。

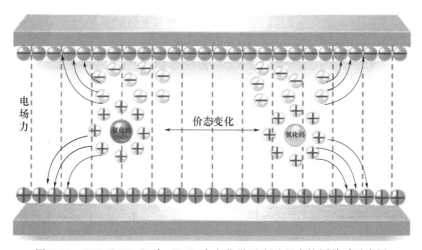

图 5-11　WO$_3$@W$_{18}$O$_{49}$ 与 CNFs 在电化学反应过程中协同关系示意图

5.3　小结

氧化钨是典型的 N 型半导体,其富电子结构能在相同的充/放电时间内协助主体电极材料积蓄/释放更多的有效电荷,以此来实现提高超级电容器材料电化学性能的目的。此文中制备得到的 WO$_3$@W$_{18}$O$_{49}$-CNFs4001 电化学性能表现最优,0.5 A·g^{-1}电流密度下 WO$_3$@W$_{18}$O$_{49}$-CNFs4001 放电时间为 600.97 s,比电容值为 333.92 F·g^{-1},5 A·g^{-1}电流密度下循环 5000 次后电容保持率为 98.88%,循环稳定性表现优良。

参考文献

[1] Huang I, Jeong G H, Lim J, et al. Two-dimensional nanosheets of tungsten vanadate (WV_2O_7) obtained by assembling nanorods on graphene as a supercapacitor electrode[J]. J Alloy Compd, 2018, 758: 99-106.

[2] Zhang N, Li X Y, Ye H C, et al. Oxide defect engineering enables to couple solar energy into oxygen activation[J]. J Am Chem Soc, 2016, 138: 8928-8932.

[3] Peng S, Geng F X, Zhao Z G, Tungsten oxide materials for optoelectronic applications[J]. Adv Mater, 2016, 28: 10518-10520.

[4] Wang Z, Wang X Y, Cong S, et al. Fusing electrochromic technology with other advanced technologies: A new roadmap for future development[J]. Mat Sci Eng R, 2020, 140: 100524-100529.

[5] Jia J Z, Liu X C, Mi R, et al. Self-assembled pancake-like hexagonal tungsten oxide with ordered mesopores for supercapacitors[J]. J Mater Chem A, 2018, 6: 15330-15336.

[6] Yao C Z, Wei B H, Li H, et al. Carbon-encapsulated tungsten oxide nanowires as a stable and high-rate anode material for flexible asymmetric supercapacitors[J]. J Mater Chem A, 2017, 5: 56-62.

[7] Tas S, Kaynan O, Ozden-Yenigun E, et al. Polyacrylonitrile (PAN)/crown ether composite nanofibers for the selective adsorption of cations[J]. RSC Adv, 2016, 6: 3608-3616.

[8] Zhang Z Y, Shao C L, Sun Y Y, et al. Tubular nanocomposite catalysts based on size-controlled and highly dispersed silver nanoparticles assembled on electrospun silica nanotubes for catalytic reduction of 4-nitrophenol[J]. J Mater Chem, 2012, 22: 1387-1395.

[9] Yu D D, Bai J, Liang H O, et al. A new fabrication of AgX (X=Br, I)-TiO_2 nanoparticles immobilized on polyacrylonitrile (PAN) nanofibers with high photocatalytic activity and renewable property[J]. RSC Adv, 2015, 5: 91465-91457.

[10] Patel S, Hota G. Iron oxide nanoparticle-immobilized PAN nanofibers: synthesis and adsorption studies [J]. RSC Adv, 2016, 6: 15402-15414.

[11] Stodolak-Zych E, Benko A, Szatkowski P, et al. Spectroscopic studies of the influence of CNTs on the thermal conversion of PAN fibrous membranes to carbon nanofibers[J]. J Mol Struct, 2016, 1126: 94-102.

[12] Zhang P, Shao C L, Zhang Z Y, et al. In situ assembly of well-dispersed Ag nanoparticles (AgNPs) on electrospun carbon nanofibers (CNFs) for catalytic reduction of 4-nitrophenol[J]. Nanoscale, 2011: 3357-3363.

[13] Chen S J, Chen Q D, Cai D P, et al. Defect-mediated synthesis of Pt nanoparticles uniformly anchored on partially-unzipped carbon nanofibers for electrochemical biosensing[J]. J Alloy Compd, 2017, 709: 304-312.

[14] Woodhead A L, Souzab M L, Churcha J S. An investigation into the surface heterogeneity of nitric acid oxidized carbon fiber[J]. Appl Surf Sci, 2017, 401: 79-88.

[15] Li X L, Yang Y C, Zhao Y J, et al. Electrospinning fabrication and in situ mechanical investigation of individual graphene nanoribbon reinforced carbon nanofiber[J]. Carbon, 2017, 114: 717-723.

[16] Azimirad R, Akhavan O, Moshfegh A Z. Simple Method to Synthesize Na_xWO_3 Nanorods and Nanobelts [J]. J Phys Chem C, 2009; 113: 13098-13102.

[17] Li N, Cao X, Chang T C, et al. Selective photochromism in a self-coated WO_3/WO_3-X homojunction: enhanced solar modulation efficiency, high luminous transmittance and fast self-bleaching rate[J], Nanotechnology, 2019; 30: 1-10.

[18] Sun W Y, Liu H, Xu G R, et al. Enhanced capacitive performance of $WO_3@W_{18}O_{49}$-CNFs based flexible electrode as a high performance supercapacitor[J]. Ionics, 2020, 26(4): 2021-2029.

［19］Wang Y，Song Y，Xia Y. Electrochemical capacitors：mechanism，materials，systems，characterization and applications[J]. Chem Soc Rev，2016，45：5925-5950.

［20］Zhang N，Jalil A，Wu D X，et al. Refining Defect States in $W_{18}O_{49}$ by Mo Doping：A Strategy for Tuning N_2 Activation towards Solar-Driven Nitrogen Fixation[J]. J Am Chem Soc，2018；140：9434-9443.

［21］Hou H，Reneker DH. Carbon nanotubes on carbon nanofibers：a novel structure based on electrospun polymer nanofibers[J]. Adv Mater，2004，16：69-73.

［22］Cui X，Lv R，Sagar R U R，et al. Reduced graphene oxide/carbon nanotube hybrid film as high performance negative electrode for supercapacitor[J]. Electrochim. Acta，2015，169：342-350.

［23］Kim H S，Cook J B，Lin H，et al. Oxygen vacancies enhance pseudocapacitive charge storage properties of MoO_3-x[J]. Nat Mater，2017，454-460.

第6章 基于氧化锡/碳纤维的不对称超级电容器构建及其赝电容行为

6.1 引言

在自然界中,锡元素主要以锡石形式存在,锡基材料有多种价态,并且由于锡基材料具有较高的理论容量、较低的成本和环境友好等优点,在电极材料开发领域得到了广泛关注。但在实际研发中锡基材料特别是氧化锡,因其存在导电性能较差、工作电压窗口窄等问题限制了其发展。其中,提高锡基电极材料的导电性是开发此类材料的重点研究方向,科研工作者们在此研究问题上也做了许多研究工作,Zhang 等[1]利用胶体静电自组装方法制备了 SnO_2/石墨烯复合材料(SGNC)。由于两种材料之间的协同作用,SGNC 具有较高的比电容和良好的循环稳定性。SGNC 的比电容值为 347.3 $F \cdot g^{-1}$,且在 3000 次循环后电容保持率为 90%。Chen 等[2]通过水热法和高温煅烧法成功制备了超细二氧化锡(SnO_2)/少壁碳纳米管(FWNT)复合材料。在 SnO_2@FWNT 复合材料中,平均粒径为 2~3 nm 的超细 SnO_2 纳米颗粒均匀分布在 FWNT 上。由于高导电性的 FWNT 和高度分散的 SnO_2 协同效应,SnO_2@FWNT 复合材料在扫描速率为 2 $mV \cdot s^{-1}$ 时具有 220.5 $F \cdot g^{-1}$ 的出色比电容值,在功率密度为 512.79 $W \cdot kg^{-1}$ 时,能量密度为 30.63 $kWh \cdot kg^{-1}$。Samuel 等[3]通过静电纺丝工艺和高温煅烧技术,制备了具有高电导率和柔韧性的核-壳 SnO_x/CNF 复合材料,无须导电剂和黏结剂即可使用。复合材料在 10 $mV \cdot s^{-1}$ 的扫描速率实现了 289 $F \cdot g^{-1}$ 的比电容,且在 1 $A \cdot g^{-1}$ 的电流密度下经过 5000 次循环后仍可有约 86% 的电容保持率。

6.2 实验

6.2.1 实验试剂及实验仪器

本章所用主要试剂除聚丙烯腈(PAN)、N,N-二甲基甲酰胺(DMF)、丙酮(C_3H_6O)、盐酸(HCl)和氢氧化钾(KOH)见表 4-1 外,其余试剂见表 6-1,主要实验仪器见表 4-2,主要表征设备见表 4-3。

表 6-1 实验试剂

试剂	化学式	规格	生产厂家
氯化亚锡	$SnCl_2 \cdot 2H_2O$	GR,98%	国药集团化学试剂有限公司
无水碳酸钠	Na_2CO_3	Mw=106.00	天津市风船化学试剂科技有限公司
过氧化氢	H_2O_2	AR,30%	天津市富宇精细化工有限公司

6.2.2　电极材料制备过程

将 $SnCl_2 \cdot 2H_2O$ 原位掺入 PAN-DMF 溶液中($n_{SnCl_2}/n_{PAN}=1:40$),配制成均一且稳定的纺丝前驱体溶液,再利用静电纺丝和高温焙烧技术制备得到碳纤维载锡基复合电极材料。为考察不同焙烧条件对电极材料电化学性能的影响,实验过程中设置了三种不同的热处理条件,将经历预氧化后分别在 500 ℃、600 ℃和 700 ℃下完成碳化的电极材料命名为 1,2 和 3。系列 $SnO_x/CNFs$ 复合电极材料的制备流程如图 6-1 所示。

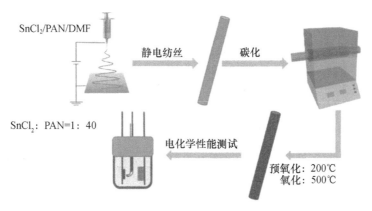

图 6-1　$SnO_x/CNFs$ 的制备流程

6.2.3　实验结果与讨论

图 6-2 中的 XPS 光电子能谱表征材料 1 的表面化学态。其中,图 6-2a 中的 Sn 光谱显示了 Sn $3d_{5/2}$ 和 Sn $3d_{3/2}$ 的特征峰,谱图上特征峰之间的分离能为 8.5 eV,表明该化合物中的锡以 Sn^{4+} 形式存在[4]。C 1s 高分辨谱图显示(图 6-2b),在 284.4 eV、285.4 eV、286.3 eV 和 288.9 eV 处的特征峰分别对应于 C-C、C-N、C-O 和 C=O[5];N 1s 高分辨图谱显示(图 6-2c),399.7 eV 和 397.9 eV 的特征峰分别对应于吡咯氮和吡啶氮[5];O 1s 高分辨图谱显示(图 6-2d),在 530.4 eV、531.4 eV、532.1 eV、533.6 eV 和 532.5 eV 处的特征峰分别对应于 Sn-O、C=O、OH^-、C-O 和 H_2O,基于以上分析,材料 1 的组成为 $SnO_2/CNFs$[6]。

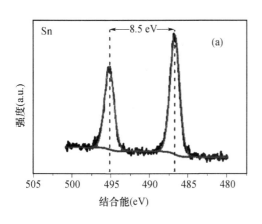

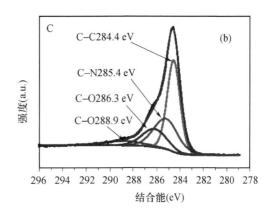

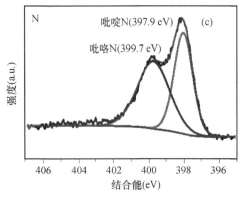
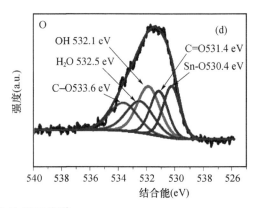

图 6-2　材料 1 的 XPS 光谱

图 6-3 中的 XPS 光电子能谱表征了材料 2 的表面化学态。其中,图 6-3a 是 Sn 3d 的高分辨图谱,Sn(485.3 eV、493.7 eV)和 Sn^{2+}(486.3 eV、494.8 eV),表明电极材料中锡以 Sn 与 Sn^{2+} 形式共存[7,8];C 1s 高分辨图谱显示(图 6-3b)284.4 eV、285.4 eV、286.3 eV 和 288.9 eV 处的特征峰分别对应于 C—C、C—N、C—O 和 C═O[9]。N 1s 高分辨图谱显示(图 6-3c)399.7 eV 和 397.9 eV 的特征峰分别对应于吡咯氮和吡啶氮;O 1s 高分辨图谱显示(图 6-3d)在 530.4 eV、531.4 eV、532.1 eV、533.6 eV 和 532.5eV 处的特征峰分别对应于 Sn—O、C═O、OH^-、C—O 和 H_2O,基于以上分析,材料 2 的组成为 Sn/SnO/CNFs。

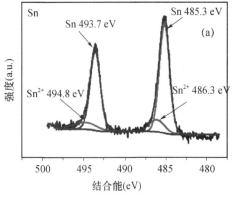
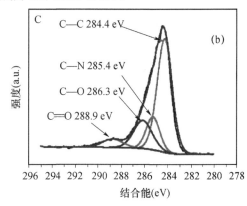
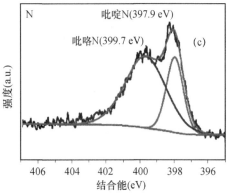
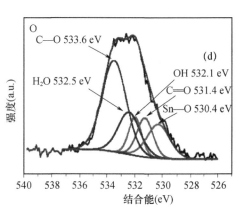

图 6-3　材料 2 的 XPS 光谱

图 6-4 中的 XPS 光电子能谱表征了材料 3 的表面化学态。其中,图 6-4a 是 Sn 3d 的高分辨谱图,485.3 eV 和 493.7 eV 处的结合能对应于 Sn;C 1s 高分辨图谱(图 6-4b)显示在 284.4 eV、285.4 eV、286.3 eV 和 288.9 eV 处的特征峰分别对应于 C—C、C—N、C—O 和 C＝O[10]。N 1s 高分辨图谱显示(图 6-4c)在 399.7 eV 和 397.9 eV 的特征峰分别对应于吡咯氮和吡啶氮。基于以上分析,材料 3 的组成为 Sn/CNFs[11]。

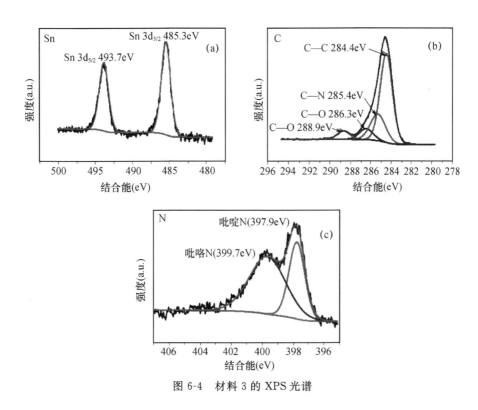

图 6-4　材料 3 的 XPS 光谱

将电极材料 1、2 和 3 进行热分析,热分析过程的程序设定与材料制备过程的条件完全一致,如图 6-5 所示,电极材料 1、2 和 3 在热分析过程中均有明显的失重阶段,且电极材料 1 和 2 在热分析末段程序中出现了明显的失重平台,说明 1 和 2 的热稳定性略优于 3,三种电极材料的残留量分别为 68.35%、75.92% 和 60.66%,

图 6-6 显示了 Sn/CNFs、Sn/SnO/CNFs 和 SnO₂/CNFs 三种材料的 Raman 图谱,图中显示波长在 1590 cm⁻¹ 和 1357 cm⁻¹ 处的特征衍射峰分别归因于拉曼活性 E_{2g} 的平面振动模式和拉曼非活性 A_{1g} 的平面呼吸振动模式,称为 G(石墨)带和 D(无序)带,D 带与 G 带之间的相对强度比值为 R 值,表示复合材料的石墨化程度。在这项工作中,Sn/CNFs、Sn/SnO/CNFs 和 SnO₂/CNFs 的 R 值分别为 1.47、1.27 和 1.15,从这些比率可以看出,具有不同价态的金属锡的石墨化程度不同,随着金属锡的增加,石墨化程度降低,这可能是金属锡的加入对碳材料的石墨化进程以及规整度都产生了影响[12]。

图 6-7 为 Sn/CNFs 的 XRD 衍射图,如图所示,在 2θ≈25°和 43°的宽峰分别对应于石墨的 (002)和(100)衍射面,并没有观察到锡的晶型结构,表明其具有较低的结晶度。证明 Sn/CNFs 复合材料中 Sn 以无定形形式存在[13]。

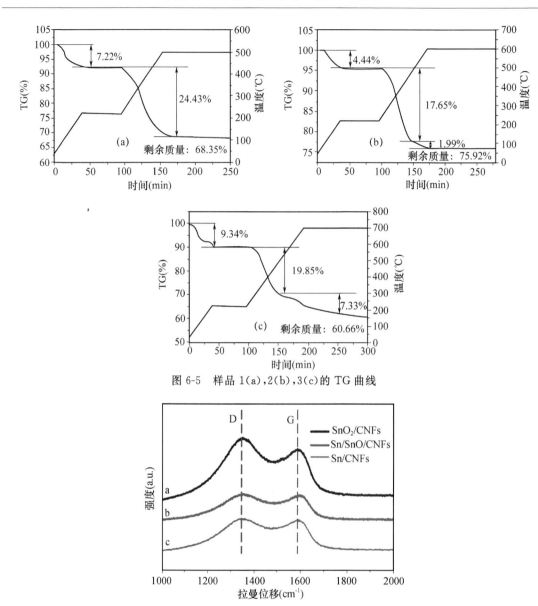

图 6-5　样品 1(a),2(b),3(c) 的 TG 曲线

图 6-6　锡基复合材料的拉曼谱图：(a) SnO₂/CNFs，(b) Sn/SnO/CNFs 和(c)Sn/CNFs

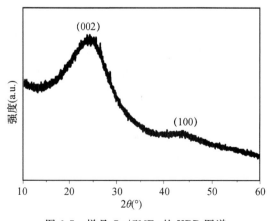

图 6-7　样品 Sn/CNFs 的 XRD 图谱

　　如图 6-8 所示,对 Sn/CNFs 进行了 TEM、HRTEM 和面扫表征,图中显示,经热处理后,Sn/CNFs 的直径约为 150 nm;HRTEM 图像也没有观察到特殊的晶格信息,与 XRD 测试结论一致,证明锡元素以无定形形式分散在碳纳米纤维中;在面扫图 d 中可以清晰地分别看到 C、N 和 Sn 元素沿 CNF 均匀分布。

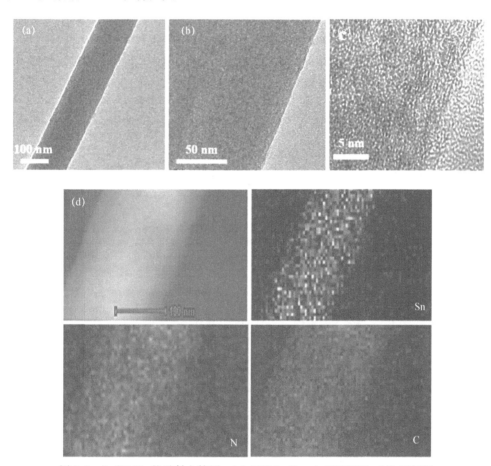

图 6-8　Sn/CNFs 的透射电镜图:(a) TEM,(b, c) HRTEM,(d) 面扫图

　　图 6-9a 为三种复合电极材料在扫描速率为 70 mV・s^{-1} 下的循环伏安曲线(CV),在 0～0.65 V 的电压窗口下,复合材料的 CV 曲线均有明显的氧化还原峰,说明电极材料在电化学反应过程中发生了体现赝电容特性的氧化还原反应、在所有样品中,Sn/CNFs 具有最大的电流响应和积分面积,证明 Sn/CNFs 的电化学性能最佳;此外,测试了载体泡沫镍的 CV 曲线,基本无氧化还原峰显示,说明在测试过程中可以忽略在电化学反应过程中泡沫镍对电极材料的影响;图 6-9b 为复合材料在电流密度为 0.5 A・g^{-1} 下的恒电流放电曲线(GD),在电压窗口为 0～0.53 V 下,复合材料的 GD 曲线均具有明显的放电平台,对应于 CV 曲线的还原峰,电流密度和活性材料质量相同条件下,Sn/CNFs 复合材料的放电时间比其他材料更长;图 6-9c 为复合材料依据 GD 放电曲线所得的比电容随电流密度变化图,由图可知,在 0.5 A・g^{-1} 的电流密度下,SnO$_2$/CNFs、Sn/SnO/CNFs 和 Sn/CNFs 的比电容值分别为 589.78 F・g^{-1}、712.29 F・g^{-1} 和 761.39 F・g^{-1},当 Sn/CNFs 电流密度增加到 5 A・g^{-1} 时,比电容值为 579.51 F・g^{-1},电容保持率为 76.11%,对于 SnO$_2$/CNFs 和 Sn/SnO/CNFs,在 5 A・g^{-1} 时

相应的值仅为 429.38 F·g^{-1} 和 528.12 F·g^{-1}，电容保持率分别为 72.80％和 74.14％，表明 Sn/CNFs 具有较好的倍率性能；图 6-9d 为复合材料的电化学阻抗谱（EIS），SnO$_2$/CNFs、Sn/SnO/CNFs 和 Sn/CNFs 的阻抗分别为 0.45 Ω、0.42 Ω 和 0.38 Ω，阻抗主要包括本体溶液电阻、电极电阻和离子扩散电阻[14]，图中观察到在阻抗的高频范围内没有半圆，这表明电荷转移电阻较小，这是因为锡在纳米纤维中分布均匀，增加了电极的电导率[15]；图 6-9e 为复合材料在电流密度为 5 A·g^{-1} 下的循环稳定性测试曲线，由图可知，经过 10000 次循环之后，SnO$_2$/CNFs、Sn/SnO/CNFs 和 Sn/CNFs 的电容保持率分别为 106.46％、112.43％和 114.05％，三种电极材料均具有良好的循环稳定性[16,17]。

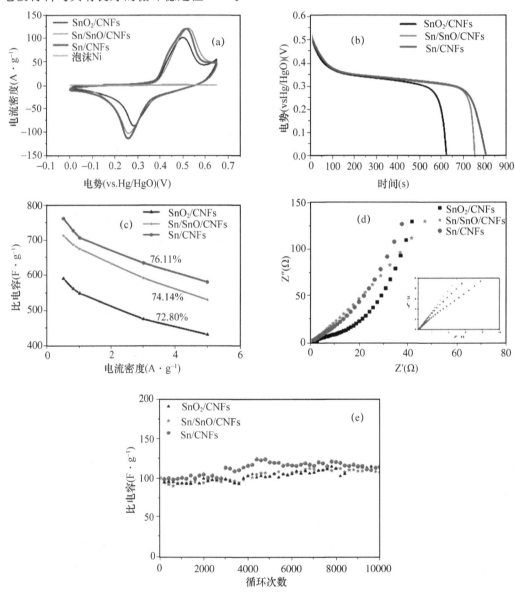

图 6-9 SnO$_2$/CNFs、Sn/SnO/CNFs 和 Sn/CNFs 的电化学性能对比：

(a) 70 mV·s^{-1} 下的 CV 曲线，(b) 0.5 A·g^{-1} 时的 GD 曲线，(c) 比电容与电流密度关系图，

(d) 阻抗图谱，(e) 5 A·g^{-1} 的循环稳定性测试

　　图 6-10a、图 6-10c、图 6-10e 显示了三种电极材料在不同扫描速率下的 CV 曲线,由图可知,三种电极材料的峰值电流强度随扫描速率的增加而增加,氧化峰和还原峰所对应的电流密度值移向绝对值更大的位置;即使在高扫描速率下,复合材料的循环伏安曲线形状没有发生明显变化,证明电极材料具有较好的稳定性;图 6-10b、图 6-10d、图 6-10f 给出了在不同电流密度(0.5～5 A·g^{-1})下三种材料在 0～0.53 V 之间的放电曲线,复合材料的 GD 曲线均具有明显的放电平台。

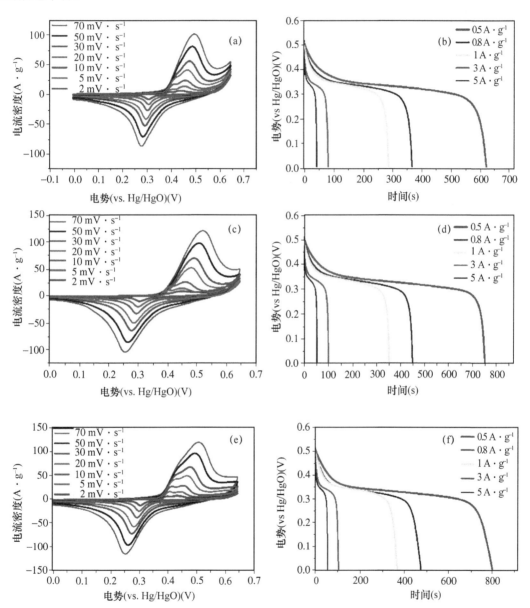

图 6-10　(a)SnO₂/CNFs 在不同扫速下的 CV 曲线,(b) SnO₂/CNFs 在不同电流密度下的放电曲线,(c) Sn/SnO/CNFs 在不同扫速下的 CV 曲线,(d) Sn/SnO/CNFs 在不同电流密度下的放电曲线,(e) Sn/CNFs 在不同扫速下的 CV 曲线,(f) Sn/CNFs 在不同电流密度下的放电曲线

　　以 Sn/CNFs 为正极,CNFs-700 为负极,将所制备电极材料搭建二电极体系(图 6-11),图

6-11a 中显示，Sn/CNFs//CNFs 不对称超级电容器的电压可以达到 1.5 V，且当扫描速率从 2 mV·s^{-1} 增加到 50 mV·s^{-1} 时，Sn/CNFs//CNFs 的 CV 曲线没有大幅变形，证明二电极体系具有优异的可逆性；图 6-11b 和图 6-11c 图的 GCD 曲线进一步测试了不对称超级电容器在不同电流密度下的电化学性能，当电流密度为 0.5 A·g^{-1}、0.8 A·g^{-1}、1 A·g^{-1}、2 A·g^{-1} 和 3 A·g^{-1} 时，比电容值分别为 182.9 F·g^{-1}、155.7 F·g^{-1}、143.9 F·g^{-1}、101.2 F·g^{-1} 和 100.8 F·g^{-1}，比电容值随电流密度的增加而减小，这是由于活性物质利用率降低和离子扩散/迁移的限制所致；此外，在高功率密度的前提下，高能量密度是评价电容器性能的重要参数，图 6-11d 显示在不同电流密度下的 Ragone 图，当功率密度在 374.8～374.9 W·kg^{-1} 之间变化时，能量密度从 25.9 Wh·kg^{-1} 增加到 57.2 Wh·kg^{-1} 变化，Sn/CNFs//CNFs 不对称超级电容器展现出较好的功率密度和能量密度。

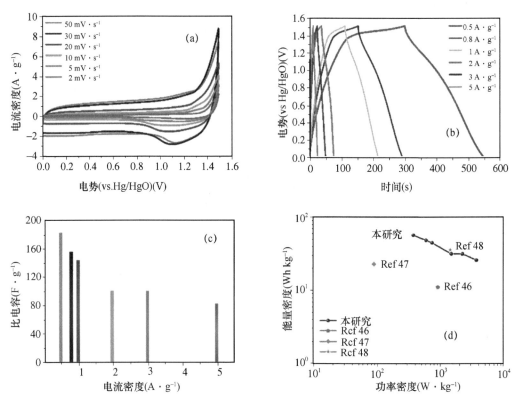

图 6-11　Sn/CNFs//CNFs 不对称超级电容器（a）在不同扫描速率下的 CV 曲线，
（b）在不同电流密度下的 GCD 曲线，（c）不同电流密度下的比电容值，
（d）Ragone 图和与其他文献对比

6.3　小结

在一维碳纤维内部引入赝电容电极材料，可以充分发挥二者在电化学反应过程中的优势，一维碳纤维即可看作双电层电容材料，也可以看作赝电容材料的载体，既可以提供有效的静电吸附电荷，也可以使纳米级赝电容材料充分分散在整体电极材料体系中而不发生团聚和流失，更好地发挥赝电容材料的电化学性能。本部分内容着重讨论氧化锡/一维碳纤维复合电极材

料的制备与其在超级电容器领域的应用研究,为锡基电极材料的开发提供了一定的实验基础。

参考文献

[1] Wang Y, Liu Y, Zhang J. Colloid electrostatic self-assembly synthesis of SnO_2/graphene nanocomposite for supercapacitors[J]. J Nanopart Res, 2015, 17(10): 420-427.

[2] Chen J. Constructing ultrafine tin dioxide/few-walled carbon nanotube composites for high-performance supercapacitors[J]. Int J Electrochem Sci, 2019, 15: 7293-7302.

[3] Samuel E, Joshi B, Jo H S, et al. Flexible and freestanding core-shell SnO_x/carbon nanofiber mats for high-performance supercapacitors[J]. J Alloys Compd, 2017, 728: 1362-1371.

[4] Zhang Y D, Hu Z G, Liang Y R, et al. Growth of 3D SnO_2 nanosheets on carbon cloth as a binder-free electrode for supercapacitors[J]. J Mater Chem, A 2015, 3(29): 15057-15067.

[5] Mao M L, Cui C Y, Ma J M, et al. Pipe-Wire TiO_2-Sn@Carbon Nanofibers Paper Anodes for Lithium and Sodium Ion Batteries[J]. Nano Lett, 2017, 17: 3830-3836.

[6] Jeong H M, Lee J W, Shin W H, et al. Nitrogen-doped graphene for high-performance ultracapacitors and the importance of nitrogen-doped sites at basal planes[J]. Nano Lett, 2011, 11(6): 2472-2477.

[7] Wang G, Sun Y, Li D, et al. Controlled Synthesis of N-Doped Carbon Nanospheres with Tailored Mesopores through Self-Assembly of Colloidal Silica[J]. Angew Chem Int Ed Engl, 2015, 54(50): 15191-15196.

[8] Qin T, Wan Z, Wang Z, et al. 3D flexible O/N Co-doped graphene foams for supercapacitor electrodes with high volumetric and a real capacitances[J]. J Power Sources, 2016, 336: 455-464.

[9] Bai X, Wang Q, Xu G, et al. Phosphorus and Fluorine Co-Doping Induced Enhancement of Oxygen Evolution Reaction in Bimetallic Nitride Nanorods Arrays: Ionic Liquid-Driven and Mechanism Clarification[J]. Chem, 2017, 23(66): 16862-16870.

[10] Veeraraghavan B, Durairajan A, Haran B, et al. Study of Sn-coated graphite as anode material for secondary lithium-ion batteries[J]. J Electrochem Soc, 2002, 149(6): 675-681.

[11] Zhao J, Wang L, He X, et al. A Si-SnSb/pyrolytic PAN composite anode for lithium-ion batteries[J]. Electrochimica Acta, 2008, 53(24): 7048-7053.

[12] Beaulieu L Y, Eberman K W, Turner R L, et al. Colossal reversible volume changes in lithium alloys[J]. Electrochem Solid State Lett, 2001, 4(9): 137-140.

[13] Zhuo K, Jeong M G, Shin M S, et al. Morphological variation of highly porous Ni-Sn foams fabricated by electro-deposition in hydrogen-bubble templates and their performance as pseudo-capacitors[J]. Appl Surf Sci, 2014, 322: 15-20.

[14] Thorat G M, Jadhav H S, Chung W J, et al. Collective use of deep eutectic solvent for one-pot synthesis of ternary Sn/SnO_2@C electrode for supercapacitor[J]. J Alloys Compd, 2018, 732: 694-704.

[15] Ji L, Lin Z, Guo B, et al. Assembly of carbon-SnO_2 core-sheath composite nanofibers for superior lithium storage[J]. Chem, 2010, 16(38): 11543-11548.

[16] Cui X W, Hu F P, Wei W F, et al. Dense and long carbon nanotube arrays decorated with Mn_3O_4 nanoparticles for electrodes of electrochemical supercapacitors[J]. Carbon, 2011, 49(4): 1225-1234.

[17] Zhang X J, Shi W H, Zhu J X, et al. High-Power and High-Energy-Density Flexible Pseudocapacitor Electrodes Made from Porous CuO Nanobelts and Single-Walled Carbon Nanotubes[J]. ACS Nano, 2011, 5: 2013-2019.

第7章 运用不同制备方法得到的镍基复合材料及其赝电容特性研究

7.1 引言

电化学活性三维过渡金属氢氧化物和氧化物由于其丰富的储量和价格低廉的优点广泛应用于电催化剂和超级电容器等领域。$Ni(OH)_2$ 具有高理论比电容值 2584 $F \cdot g^{-1}$,而且低廉的价格有利于商业化应用,但是在实际应用中会出现低导电性和聚集的倾向,从而比电容值远小于理论比电容值;氧化镍作为赝电容器电极材料具有比电容高且价格低廉等优点,但是低电导率和有限的可接触面积降低了实际得到的比电容,氧化镍在碱性电解液中表现出优异的电化学性能,而且制备工艺简单,低能耗和价格便宜等优点在超级电容器中具有广阔的发展前景;单质镍的比电容值没有镍氧化物高,但是掺入适量的 Ni 能够提升材料的电化学性能。

第 1 章已对碳纳米材料的分类、特点和各方面优势有所阐述,那么利用一定的实验方法和手段将镍基电极材料与纳米碳材料制备得到复合电极材料,在充分利用纳米碳材料的优势前提下有望改善氧化物和氢氧化物的电荷传输能力和结构稳定性,从而提高复合材料的电化学性能。Li[1]等人通过简便的一锅水热法成功制备了 $Ni(OH)_2$/NG 含氮石墨烯材料,电流密度 0.5 $A \cdot g^{-1}$ 下材料的比电容值为 896 $F \cdot g^{-1}$,电极材料与活性炭组成非对称超级电容器,最高能量密度 28.7 $Wh \cdot kg^{-1}$ 下功量密度为 0.36 $kW \cdot kg^{-1}$;Zhang[2]等人利用静电纺丝技术和高温碳化技术制备了碳纤维材料,通过水热制备得到具有三维大孔结构的 $Ni(OH)_2$/CNFs,扫描速率为 5 $mV \cdot s^{-1}$ 下计算得到的比电容值为 2523 $F \cdot g^{-1}$,制备了具有高机械柔韧性的柔性电极材料;Lu[3]等人利用静电纺丝技术制备了超柔性载镍碳纤维材料,纳米级粒子的均匀分布以及超高介孔型比表面积等性质构筑了材料超柔韧的性能,超柔性薄膜电极可以应用于高性能便携式能量转换和存储设备领域;Qi[4]等人制备了 $Ni(OH)_2$/GO 和 $Ni@Ni(OH)_2$/GO 纳米片材料,电流密度 3 $A \cdot g^{-1}$ 时 $Ni(OH)_2$/GO 比电容值 1042 $F \cdot g^{-1}$,电流密度 24 $A \cdot g^{-1}$ 时 $Ni@Ni(OH)_2$/GO 复合材料的比电容值 684 $F \cdot g^{-1}$,这两种复合材料都具有高能量密度和高功率密度;Han[5]等人通过简单的煅烧手段制备了具有 MOF 结构的多孔 NiO 材料,1 $A \cdot g^{-1}$ 的电流密度下,循环 1000 圈后材料的比电容值为 324 $F \cdot g^{-1}$,表明材料具有良好的倍率性能和循环稳定性,这可以归因于材料的三维多孔结构和纳米颗粒的纳米尺寸效应;Liu[6]等人开发了花状 C/NiO 复合空心微球结构材料并研究了复合材料的超级电容器性能,NiO 纳米薄片生长在空心球表面,这种分级纳米结构有利于电子和电解质离子的传输,且可以加速可逆氧化还原反应,电流密度 1 $A \cdot g^{-1}$ 下复合材料的比电容(585 $F \cdot g^{-1}$)高于纯氧化镍比电容值(453 $F \cdot g^{-1}$);Jiao[7]等人通过退火处理 Ni-MOF 材料制备得到了 Ni/NiO 纳米粒子材料,产生的空位提高了材料的性能,材料可用于电催化和超级电容器领域,镍空位的产生形成微妙的晶格畸变,同时在原子尺度上调节了暴露的活性位点,镍空位的引入显著降低了材料吸收氢原子的 Gibbs 自由能,从而有利于 H_2 气体的产生,Ni^{2+} 附近电子云密度的增加,形成对 H* 的强吸附;Zhang[8]等人制备了以碳纳米纤维为载体的 Ni/NiO 复合材料,碳纤维表面形成的丰富的氧空位、有效的电子传输以及杂化组分结构,提高了三维结构 Ni/NiO 材料的能量密度和电化学性能,电流密度为 $1 A \cdot g^{-1}$ 时,材料比电容值为 $526 F \cdot g^{-1}$。

本章将着重介绍镍基电极材料与一维碳纤维复合的制备方法及复合电极材料的电化学性能。

7.2　实验

7.2.1　实验试剂及实验仪器

本章所用主要试剂除聚丙烯腈(PAN)、N,N-二甲基甲酰胺(DMF)、丙酮(C_3H_6O)、盐酸(HCl)和氢氧化钾(KOH)见表 4-1 外,其余试剂见表 7-1,主要实验仪器见表 4-2,主要表征设备见表 4-3。

表 7-1　实验试剂

试剂名称	化学式	规格	生产厂家
氯化镍	$NiCl_2 \cdot 6H_2O$	AR,98%	天津风船化学试剂科技有限公司
氢氧化钠	NaOH	AR,96%	天津风船化学试剂科技有限公司
无水乙醇	C_2H_5OH	AR,99.7%	国药集团化学试剂有限公司

7.2.2　电极材料制备过程

1. $Ni(OH)_2$/NFs 复合电极材料的制备

将 $NiCl_2 \cdot 6H_2O$ 与 PAN-DMF 溶液进行原位掺杂得到均一的纺丝溶液,电纺得到无纺布纤维膜,再利用水热反应将 NaOH 与纤维膜充分反应,经洗涤干燥后得到电极材料,根据水热反应时间的不同样品分别命名为:$Ni(OH)_2$/NFs-4、$Ni(OH)_2$/NFs-6、$Ni(OH)_2$/NFs-8 和 $Ni(OH)_2$/NFs-10,样品制备过程如图 7-1 所示。

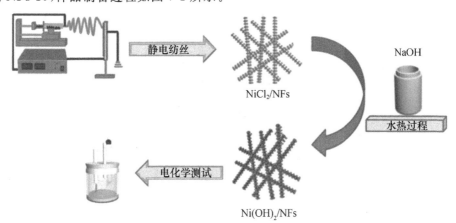

图 7-1　$Ni(OH)_2$/NFs 复合纳米材料制备流程图

2. Ni-$Ni(OH)_2$/CNFs 复合电极材料的制备

将制备的无纺布纤维膜进行热处理,根据碳化温度的不同,将得到的样品分别命名为 Ni/CNFs-500、Ni/CNFs-600、Ni/CNFs-700 和 Ni/CNFs-800;再将上述热处理后的电极材料与 NaOH 进行水热反应,经过洗涤和烘干后得到的样品分别命名为 Ni-Ni(OH)$_2$/CNFs-500、Ni-Ni(OH)$_2$/CNFs-600、Ni-Ni(OH)$_2$/CNFs-700 和 Ni-Ni(OH)$_2$/CNFs-800。样品制备流程图如图 7-2 所示。

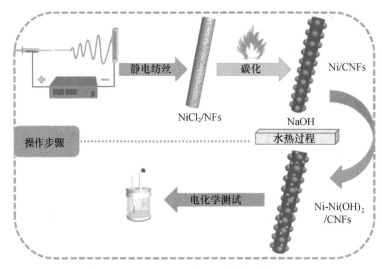

图 7-2   Ni-Ni(OH)$_2$/CNFs 材料制备流程图

7.2.3   实验结果与讨论

1. Ni(OH)$_2$/NFs 复合电极材料的表征结果与电化学性能讨论

图 7-3 是不同水热时间制备样品的扫描电镜图片。图中可见当水热时间为 4 h 时,纤维表面保持光滑,没有明显颗粒物暴露在高分子纳米纤维表面(图 7-3a),延长水热时间至 6 h,纤维表面出现少许纳米粒子且呈不规则分布(图 7-3b),当水热时间延长到 8 h,纳米粒子增多(图 7-3c),当水热时间至 10 h 时纤维表面依然存在纳米粒子(图 7-3d)。

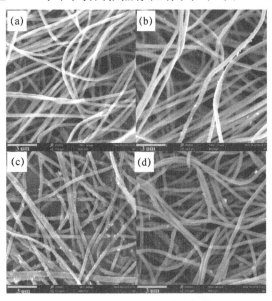

图 7-3   Ni(OH)$_2$/NFs 复合纳米材料的 SEM 图:
(a) Ni(OH)$_2$/NFs-4,(b) Ni(OH)$_2$/NFs-6,(c) Ni(OH)$_2$/NFs-8,(d) Ni(OH)$_2$/NFs-10

利用 XPS 测试了 Ni(OH)$_2$/NFs-10 的表面镍的价态以及存在的化学元素如图 7-4。从 Ni 2p 高分辨谱图中可以看到四个特征峰如图 7-4a,其中结合能位于 855.5 eV 和 873.1 eV 处的特征峰分别与 Ni(OH)$_2$ 的 Ni 2p$_{3/2}$ 和 Ni 2p$_{1/2}$ 相对应,谱图上结合能位于 861.4 eV 和 879.8 eV 处的特征峰对应于 Ni 2p$_{3/2}$ 和 Ni 2p$_{1/2}$ 的卫星峰,特征峰间结合能差值为 17.6 eV,证明材料中镍以二价镍形式存在,分析元素总谱图 7-4b 可知纤维表面主要存在 C、N、O、Ni 四种主要元素。

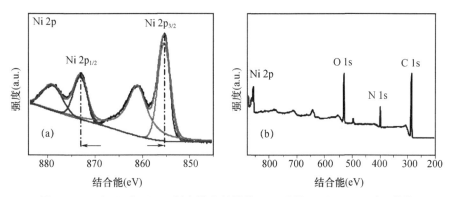

图 7-4　Ni(OH)$_2$/NFs-10 复合纳米材料的 XPS 光谱:(a) Ni 2p,(b) 总谱

利用红外光谱仪对 Ni(OH)$_2$/NFs 系列复合电极材料的结构进行分析,测试结果如图 7-5 所示,FT-IR 表征了材料表面的特征官能团,红外光谱中出现了一些典型官能团的特征吸收峰,其中波长位于 2932 cm^{-1} 和 1460 cm^{-1} 处的吸收峰分别对应 C—H 键的伸缩振动和弯曲振动,2250 cm^{-1} 处的吸收峰则对应 C≡N 的伸缩振动,在 3355 cm^{-1} 处出现的宽峰对应于材料中吸附水中 O-H 的伸缩振动峰。

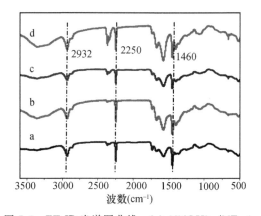

图 7-5　FT-IR 光谱图曲线:(a) Ni(OH)$_2$/NFs-4,
(b) Ni(OH)$_2$/NFs-6,(c) Ni(OH)$_2$/NFs-8,(d) Ni(OH)$_2$/NFs-10

进一步,利用 XRD 对 Ni(OH)$_2$/NFs-10 电极材料的晶型进行测试分析如图 7-6 所示,2θ 在 18.8°、33.2°、38.5°、52.1°、59.2°、62.7°、69.3°、70.7°和 72.8°处的衍射峰分别对应于 β-Ni(OH)$_2$ 的 (001)、(100)、(101)、(102)、(110)、(111)、(200)、(103) 和 (203) 晶面,XRD 谱图的测试结果说明复合电极材料中的 Ni 以 Ni(OH)$_2$ 的形式与碳纤维复合[9]。

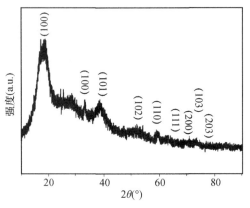

图 7-6　Ni(OH)₂/NFs-10 的 XRD 谱图

Ni(OH)₂/NFs 系列复合电极材料在扫描速率 50 mV·s⁻¹ 下的循环伏安(CV)曲线如图 7-7a 所示,电极材料的 CV 曲线面积随着水热时间的延长而增大,Ni(OH)₂/NFs-10 的 CV 曲线响应面积最大;电流密度 0.5 A·g⁻¹ 下材料的恒电流放电(GCD)曲线如图 7-7b 所示,随着水热时间的延长,材料的放电时间增加,与 CV 曲线分析结果一致;图 7-7c 为此系列电极材料在电流密度 0.5 A·g⁻¹ 下的比电容值变化曲线,如图所示 Ni(OH)₂/NFs-4、Ni(OH)₂/NFs-6、Ni(OH)₂/NFs-8 和 Ni(OH)₂/NFs-10 的比电容值分别为 449 F·g⁻¹、457 F·g⁻¹、481 F·g⁻¹ 和 486 F·g⁻¹,即水热时间达 10 h 后制备得到电极材料的比电容值最大。

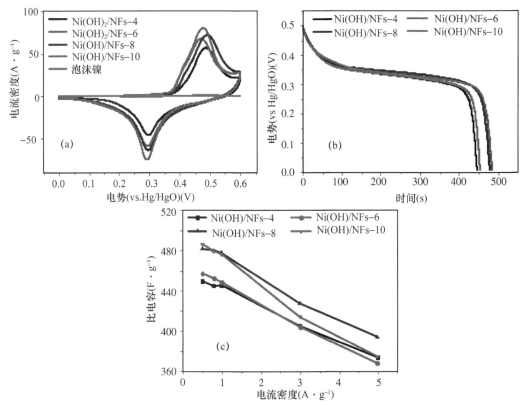

图 7-7　Ni(OH)₂/NFs 系列样品的电化学性能:(a) 扫描速率 50 mV·s⁻¹ 的 CV 曲线,
(b) 电流密度 0.5 A·g⁻¹ 下 GD 曲线,(c) 不同电流密度下对应比电容值变化图

上述对 Ni(OH)$_2$/NFs 系列电极材料的电化学性能测试结果表现 Ni(OH)$_2$/NFs-10 的电化学性能较优,随后对 Ni(OH)$_2$/NFs-10 进行了一系列电化学性能测试,图 7-8a 为不同扫描速率下的 CV 曲线,图中显示随着扫描速率的增加 CV 曲线面积也逐渐增加且形状没有发生明显的改变,说明 Ni(OH)$_2$/NFs-10 具有良好的电容特性;不同电流密度下 Ni(OH)$_2$/NFs-10 的 GCD 曲线如图 7-8b 所示,不同电流密度下材料的放电曲线具有明显的放电平台表明电极材料具有一定的赝电容性质,与 CV 曲线分析结果一致;图 7-8c 是材料不同电流密度下的比电容值变化图,电流密度分别为 0.5 A·g^{-1}、0.8 A·g^{-1}、1 A·g^{-1}、3 A·g^{-1} 和 5 A·g^{-1} 时对应材料的比电容值分别 486 F·g^{-1}、479 F·g^{-1}、476 F·g^{-1}、413 F·g^{-1} 和 374 F·g^{-1},电流密度 5 A·g^{-1} 下电极材料的比电容值为 374 F·g^{-1},电容保持率 77%,表明材料具有一定的倍率性能;如图 7-8d 所示在恒电流密度 5 A·g^{-1} 下,对电极材料进行了 1500 圈的循环稳定性测试,随着循环次数的增加,Ni(OH)$_2$/NFs-10 表现出良好的循环稳定性。

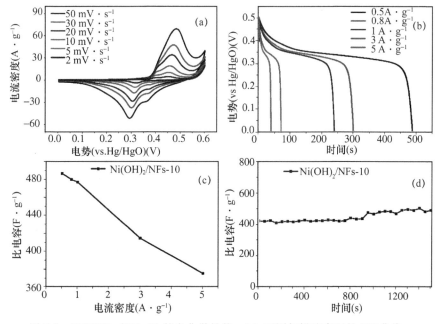

图 7-8　Ni(OH)$_2$/NFs-10 的电化学性能:(a) 不同扫描速率下的 CV 曲线,
(b) 不同电流密度下 GCD 曲线,(c) 不同电流密度下对应比电容值变化图,(d) 循环寿命图

图 7-9a 是 Ni(OH)$_2$/NFs-10 和 NiCl$_2$/NFs 样品的 CV 曲线对比图,相同电压窗口区间,Ni(OH)$_2$/NFs-10 所包围的循环伏安曲线面积更大,表现出更优的电化学性能;电流密度为 0.5 A·g^{-1} 下样品的 GCD 曲线如图 7-9b 所示,经过水热反应得到的电极材料其放电时间更长,不同电流密度下样品的比电容值的变化如图 7-9c 所示,在电流密度 0.5 A·g^{-1} 下 Ni(OH)$_2$/NFs-10 和 NiCl$_2$/NFs 的比电容值分别为 486 F·g^{-1} 和 406 F·g^{-1},说明经历水热反应过程得到的电极材料有更加优秀的电化学性能表现。

2. Ni/CNFs 系列和 Ni-Ni(OH)$_2$/CNFs 系列复合电极材料的表征结果与电化学性能讨论

Ni/CNFs 系列材料的形貌如图 7-10a$_1$～a$_4$ 所示,碳化温度为 500 ℃ 时,Ni/CNFs-500 表面出现小颗粒,碳化温度升高到 600 ℃,Ni/CNFs-600 表面暴露出更多的纳米粒子且粒子的半径增大,温度升高到 700 ℃ 时,Ni/CNFs-700 半径更大数量更多的纳米粒子暴露在纤维表

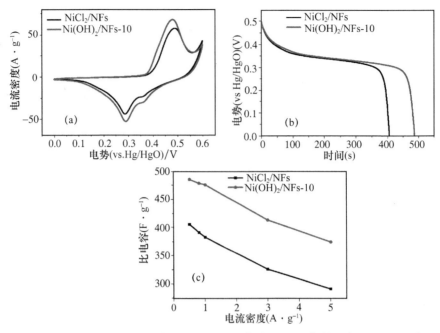

图 7-9　$NiCl_2/NFs$ 和 $Ni(OH)_2/NFs$-10 样品的电化学性能对比：(a) 扫描速率 $50\ mV \cdot s^{-1}$ 下 CV 曲线，(b) 电流密度 $0.5\ A \cdot g^{-1}$ 下 GCD 曲线，(c) 不同电流密度下对应比电容值变化图

面，温度升高至 800 ℃ 时，Ni/CNFs-800 纤维表面纳米粒子团聚现象严重。结合电极材料的制备过程，分析高温碳化过程中纤维表面出现的纳米粒子可能是镍纳米粒子，并且出现随着碳化温度升高，团聚现象严重的情况；水热反应后所得系列电极材料的扫描电镜图如图 $7\text{-}10b_1 \sim b_4$ 所示，对比水热前材料的 SEM 图纤维表面形貌没有发生明显的变化，团聚程度依然随着温度的升高而增加，样品 $Ni\text{-}Ni(OH)_2/CNFs$-800 表面粒子团聚现象最为严重。

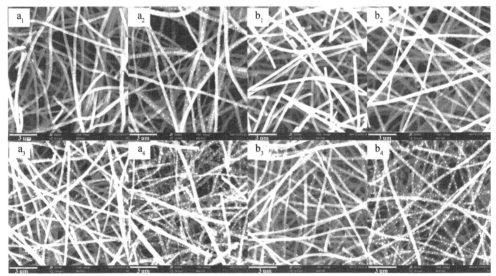

图 7-10　样品的 SEM 图：$a_1 \sim a_4$：Ni/CNFs-500，Ni/CNFs-600，
Ni/CNFs-700，Ni/CNFs-800；$b_1 \sim b_4$：$Ni\text{-}Ni(OH)_2/CNFs$-500，$Ni\text{-}Ni(OH)_2/CNFs$-600，
$Ni\text{-}Ni(OH)_2/CNFs$-700，$Ni\text{-}Ni(OH)_2/CNFs$-800

利用 XPS 分析测试了 Ni-Ni(OH)$_2$/CNFs-800 表面金属镍的价态,如图 7-11a 所示为 Ni 2p 的高分辨谱图,在结合能 855.5 eV 和 873.1 eV 处出现的峰与 Ni(OH)$_2$ 的 Ni 2p$_{3/2}$ 和 Ni 2p$_{1/2}$ 相对应,表明纤维表面镍以二价镍的形式存在;图 7-11b 为 C 1s 高分辨谱图,在结合能为 284.3 eV、286.0 eV 和 288.8 eV 处的三个特征峰,分别对应电极材料中碳的三种存在形式:C—C、C—O 和 C =O 键;图 7-11c 电极材料总谱图表明所分析材料的表面主要存在 C、N、O 和 Ni 四种元素[10,11]。

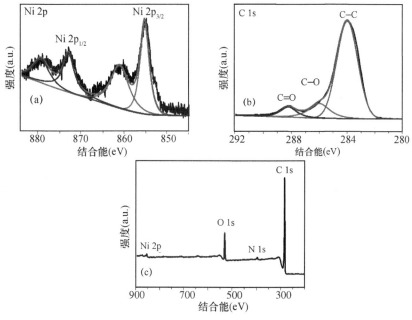

图 7-11 Ni/CNFs-800 的 XPS 图谱:(a) Ni 2p,(b) C 1s,(c) 总谱

红外光谱用来检测和表征材料结构中的官能团,碳化后复合电极材料由高分子纤维膜转变为碳纤维,致使纤维表面的官能团发生变化。PAN 基体在 2932 cm^{-1} 和 1460 cm^{-1} 处出现的典型 C—H 键的伸缩振动峰和弯曲振动峰,以及 2250 cm^{-1} 处对应—C≡N 的伸缩振动峰均消失而出现新的吸收峰,如图 7-12 所示为 Ni/CNFs 系列复合电极材料的红外光谱图,波长位于 1394 cm^{-1} 和 1612 cm^{-1} 处分别对应 C =O 键和 C =C 键的伸缩振动峰,证实碳纤维结构中出现了石墨网状结构。

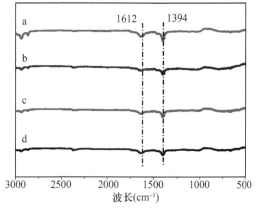

图 7-12 样品的 FT-IR 光谱图:曲线(a) Ni/CNFs-500,
(b) Ni/CNFs-600,(c) Ni/CNFs-700,(d) Ni/CNFs-800

拉曼光谱可用来表征碳材料的石墨化程度,如图 7-13 所示为 Ni/CNFs 和 Ni-Ni(OH)$_2$/CNFs 两个系列复合电极材料的 Raman 图谱,其中 a$_1$～d$_1$ 为 Ni/CNFs 系列电极材料的 Raman 图谱,a$_2$～d$_2$ 为 Ni-Ni(OH)$_2$/CNFs 系列电极材料的 Raman 图谱,波长在 1353 cm^{-1} 和 1582 cm^{-1} 处出现的特征峰对应碳材料的 D 峰和 G 峰,I_D 和 I_G 的比值表明了材料石墨化程度,随着碳化温度的增加,I_D 和 I_G 的比值逐渐减小,表明材料石墨化程度越大,Ni/CNFs 系列中 Ni/CNFs-800 的

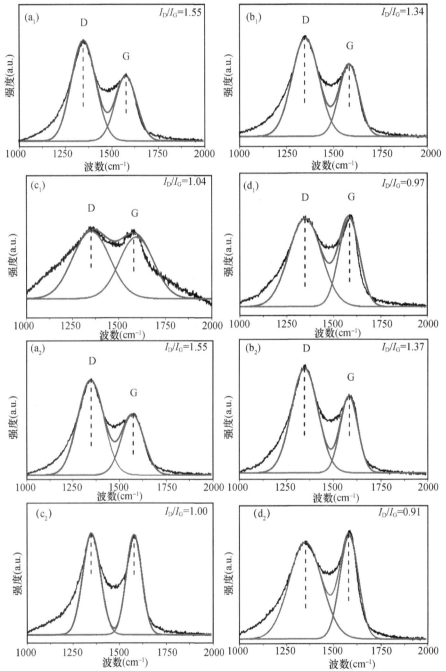

图 7-13　水热前后样品的 Raman 谱图:(a$_1$～d$_1$：Ni/CNFs-500，Ni/CNFs-600，Ni/CNFs-700，Ni/CNFs-800；a$_2$～d$_2$：Ni-Ni(OH)$_2$/CNFs-500，Ni-Ni(OH)$_2$/CNFs-600，Ni-Ni(OH)$_2$/CNFs-700，Ni-Ni(OH)$_2$/CNFs-800)

I_D/I_G 值最小(0.97),表明材料的石墨化程度最大;而 Ni-Ni(OH)$_2$/CNFs 系列中,水热过程并没有对主体材料的石墨化程度造成太大的影响,石墨化程度的总体趋势不变,随着碳化温度升高 I_D/I_G 比值变小,Ni-Ni(OH)$_2$/CNFs-800 的石墨化程度最大,I_D/I_G 的值也最小。

利用 XRD 衍射图样来表征复合电极材料中晶体的晶型,如图 7-14 中的 a 曲线为 Ni/CNFs-800 的 XRD 谱图,在 $2\theta \approx 24°$ 时出现较宽的衍射峰归因于碳化过程中出现的石墨化碳结构;2θ 在 44.4° 和 51.7° 出现的两个尖而窄的峰分别对应于单质镍的(111)和(200)晶面,而在 76.3° 处出现较弱的峰对应于 Ni 的(220)晶面[12-16];图 7-14 中的曲线 b 为 Ni-Ni(OH)$_2$/CNFs-800 的 XRD 图谱,2θ 在 44.4°、51.7° 和 76.3° 处的衍射峰分别对应镍的(111)、(200)和(220)晶面(JCPDS No. 04-0850),分析图谱可知材料中存在单质镍,水热前后衍射峰强度没有发生明显变化和偏移。

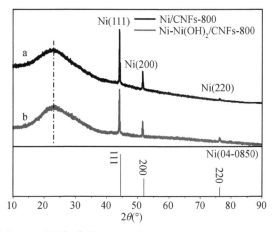

图 7-14　样品的 XRD 图谱:曲线(a):Ni/CNFs-800 (b):Ni-Ni(OH)$_2$/CNFs-800

将 Ni/CNFs 系列样品在三电极体系下进行电化学性能测试如图 7-15 所示,其中图 7-15a 是扫描速率在 50 mV·s^{-1} 时不同碳化温度下制备得到复合电极材料的 CV 曲线,随着碳化温度的逐渐升高,材料所对应的 CV 曲线的响应面积逐渐变大,Ni/CNFs-800 的 CV 曲线所包围面积最大;图 7-15b 显示此系列电极材料在 0.5 A·g^{-1} 电流密度下的放电性能,Ni/CNFs-800 的放电时间最长;不同电流密度下材料的比电容值变化如图 7-15c 所示,电流密度 0.5 A·g^{-1} 下 Ni/CNFs-500、Ni/CNFs-600、Ni/CNFs-700 和 Ni/CNFs-800 的比电容值分别为 180 F·g^{-1}、186 F·g^{-1}、202 F·g^{-1} 和 264 F·g^{-1};将此系列电极材料的电化学行为在相同频率范围内进行拟合得到图 7-15d,由拟合行为可知材料相对应的电荷转移阻值分别为 0.4626 Ω、0.7226 Ω、0.6258 Ω 和 0.6125 Ω,Ni/CNFs-800 的电荷转移电阻相对较小,归因于碳化温度升高碳纤维的石墨化程度增加,故而其导电性也得到提高。

Ni-Ni(OH)$_2$/CNFs 系列样品的电化学性能测试结果如图 7-16 所示。图 7-16a 显示 Ni-Ni(OH)$_2$/CNFs-800 所包围的 CV 曲线面积最大;图 7-16b 显示在电流密度 0.5 A·g^{-1} 下 Ni-Ni(OH)$_2$/CNFs-800 的放电时间最长;不同电流密度下材料对应的比电容值如图 7-16c 所示,其中当电流密度为 0.5 A·g^{-1} 时,Ni-Ni(OH)$_2$/CNFs-500、Ni-Ni(OH)$_2$/CNFs-600、Ni-Ni(OH)$_2$/CNFs-700 和 Ni-Ni(OH)$_2$/CNFs-800 的比电容值分别为 496 F·g^{-1}、523 F·g^{-1}、609 F·g^{-1} 和 883 F·g^{-1};将此系列电极材料的电化学行为在相同频率范围内进行拟合如图 7-16d 所示,根据拟合结果此系列样品的阻抗分别为 0.5479 Ω、0.4875 Ω、0.5930 Ω 和

0.4901Ω，均体现出小阻值的特点。

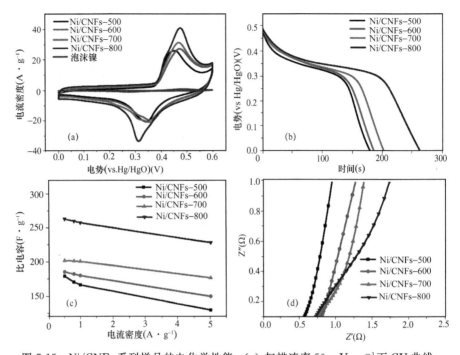

图 7-15　Ni/CNFs 系列样品的电化学性能：（a）扫描速率 50 mV·s⁻¹ 下 CV 曲线，
（b）电流密度 0.5 A·g⁻¹ 下 GCD 曲线，（c）不同电流密度下对应比电容值变化图，（d）阻抗图谱

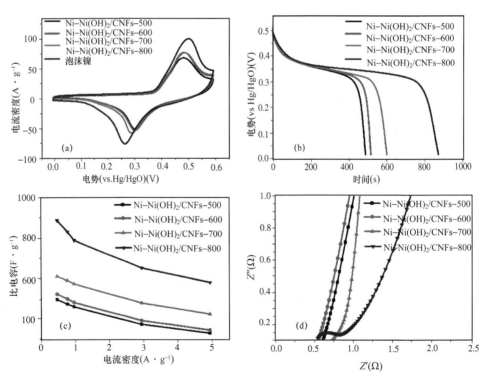

图 7-16　Ni-Ni(OH)₂/CNFs 系列样品的电化学性能：（a）扫描速率 50 mV·s⁻¹ 下 CV 曲线，
（b）电流密度 0.5 A·g⁻¹ 下 GCD 曲线，（c）不同电流密度下对应比电容值变化图，（d）阻抗图谱

将两个系列中电化学性能表现最优的样品 Ni/CNFs-800 和 Ni-Ni(OH)₂/CNFs-800 以及纯碳纤维的电化学性能进行对比如图 7-17 所示,图 7-17a 是不同扫描速率下 Ni-Ni(OH)₂/CNFs-800 的循环伏安曲线,曲线上可看到明显的氧化还原峰,表明材料具有赝电容特性;不同电流密度下 Ni-Ni(OH)₂/CNFs-800 的放电曲线如图 7-17b 所示,曲线中出现明显的放电平台;图 7-17c 对比了 CNFs、Ni/CNFs-800 和 Ni-Ni(OH)₂/CNFs-800 在不同电流密度下电极材料的比电容值变化曲线,当电流密度为 $0.5\ A\cdot g^{-1}$ 时,CNFs 与水热前后材料的比电容值分别为 $165\ F\cdot g^{-1}$、$264\ F\cdot g^{-1}$ 和 $883\ F\cdot g^{-1}$,证明在电化学反应过程中,镍基材料发挥了良好的赝电容特性,特别是 Ni(OH)₂ 的引入,使电极材料的电化学性能得到了大幅提升;图 7-17d 显示三种电极材料的电化学阻抗行为,拟合阻抗值分别为 $0.5973\ \Omega$、$0.6125\ \Omega$ 和 $0.4901\ \Omega$,与 CNFs 相比,Ni-Ni(OH)₂/CNFs-800 和 Ni/CNFs-800 阻抗值略有升高,这与电极材料在碳化和水热过程中纳米粒子在碳纤维基体内部及表面形成有关,破坏了基体材料碳纤维的电荷传输能力,从而使阻抗值稍有提高。

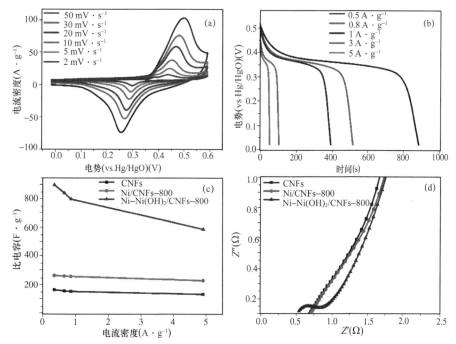

图 7-17　Ni/CNFs-800,Ni-Ni(OH)₂/CNFs-800,CNFs 的电化学性能对比图:
(a) Ni-Ni(OH)₂/CNFs-800 在不同扫描速率下的 CV 曲线,
(b) Ni-Ni(OH)₂/CNFs-800 在不同电流密度下的 GCD 曲线,
(c) 三种电极材料不同电流密度下对应比电容值变化图,(d) 阻抗谱图

7.3　小结

Ni 的氧化物及氢氧化物作为超级电容器材料已经有众多学者做过相关内容的研究,本部分内容着重介绍如何将一维碳纳米纤维的制备方法引入镍基电极材料的制备体系中,并讨论所制备镍基电极材料在超级电容器领域中的应用。实验结果显示,一维碳纤维与 Ni(OH)₂ 复合制备得到的电极材料其电化学性能要优于与 NiO 复合制备得到的电极材料,并且热处理过程中的炭

化温度设定对复合电极材料的电化学性能影响显著，Ni-Ni(OH)$_2$/CNFs-800 在 0.5 A·g^{-1} 的电流密度下比电容值高达 883 F·g^{-1}，比相同测试条件下 Ni/NiO-500 的比电容值（676 F·g^{-1}）高出 30.6%。镍基电极材料由于自身的各项优点，近些年发展势头迅猛，而如何更好地发挥镍基材料的结构优势成为广大研究者在下一步研究工作中需要努力解决的问题。

参考文献

[1] Li J, Hao H L, Wang J J, et al. Hydrogels that couple nitrogen-enriched graphene with Ni(OH)$_2$ nanosheets for high-performance asymmetric supercapacitors[J]. Journal of Alloys and Compounds, 2019, 782: 516-524.

[2] Zhang L S, Ding Q W, Huang Y P, et al. Flexible hybrid membranes with Ni(OH)$_2$ nanoplatelets vertically grown on electrospun carbon nanofibers for high-performance supercapacitors[J]. ACS Applied Materials & Interfaces, 2015, 7 (40): 22669-22677.

[3] Lu J T, Wan H, Ju T, et al. Super flexible electrospun carbon/nickel nanofibrous film electrode for supercapacitors[J]. Journal of Alloys and Compounds, 2019, 774: 593-600.

[4] Qi Y H, Liu Y F, Zhu R, et al. Rapid synthesis of Ni(OH)$_2$/graphene nanosheets and NiO@Ni(OH)$_2$/graphene nanosheets for supercapacitor applications[J]. New Journal of Chemistry, 2019, 43: 3091-3098.

[5] Han Y, Zhang S, Shen N, et al. MOF-derived porous NiO nanoparticle architecture for high performance supercapacitors[J]. Materials Letters, 2017, 188: 1-4.

[6] Liu T, Jiang C J, Cheng B, et al. Hierarchical flower-like C/NiO composite hollow microspheres and its excellent supercapacitor performance[J]. Journal of Power Sources, 2017, 359: 371-378.

[7] Jiao Y, Hong W Z, Li P Y, et al. Metal-organic framework derived Ni/NiO micro-particles with subtle lattice distortions for high-performance electrocatalyst and supercapacitor[J]. Applied Catalysis B: Environmental, 2019, 244: 732-739.

[8] Zhang Y F, Park M, Kim H Y, et al. Moderated surface defects of Ni particles encapsulated with NiO nanofibers as supercapacitor with high capacitance and energy density[J]. Journal of Colloid and Interface Science, 2017, 500: 155-163.

[9] 刘茜秀, 吕春祥, 李倩. 炭布基底上 β-Ni(OH)$_2$ 纳米片的水热合成及电化学性能[J]. 新型炭材料, 2017, 32 (02): 116-122.

[10] Wang X M, Zhou X J, Shao C L, et al. Graphitic carbon nitride/BiOI loaded on electrospun silica nanofibers with enhanced photocatalytic activity[J]. Applied Surface Science, 2018, 455: 952-962.

[11] Chen H, Zhou S X, Wu L M. Porous nickel hydroxide manganese dioxide-reduce graphene oxide ternary hybrid spheres as excellent supercapacitor electrode materials[J]. ACS Applied Materials & Interfaces, 2014, 6 (11): 8621-8630.

[12] Liu C Y, Lin Z, Chen C, et al. Porous C/Ni composites derived from fluid coke for ultra-wide bandwidth electromagnetic wave absorption performance[J]. Chemical Engineering Journal, 2019, 366: 415-422.

[13] Gong W H, Jiang Z, Wu R F, et al. Cross-double dumbbell-like Pt - Ni nanostructures with enhanced catalytic performance toward the reactions of oxygen reduction and methanoloxidation[J]. Applied Catalysis B: Environmental, 2019, 246: 277-283.

[14] Huang C J, Yan X C, Li W Y, et al. Post-spray modification of cold-sprayed Ni-Ti coatings by high-temperature vacuum annealing and friction stirprocessing[J]. Applied Surface Science, 2018, 451: 56-66.

[15] Meng X H, Deng D. Bio-inspired synthesis of 3-D network of NiO-Ni nanowires on carbonized eggshell membrane for lithium-ionbatteries[J]. Chemical Engineering Science, 2019, 194: 134-141.

[16] Dou B L, Zhang H, Cui G M, et al. Hydrogen sorption and desorption behaviors of Mg-Ni-Cu doped carbon nanotubes at high temperature[J]. Energy, 2019, 167: 1097-1106.

第8章 控制性合成氧化铜@氧化钒/碳纤维储能复合材料及电化学性能研究

8.1 引言

相关研究报道,可将嵌入碳材料中的钒氧化物分为两大类:无定形钒氧化物和晶形钒氧化物。当两种形式的钒氧化物分别应用到复合物电极材料时,与晶形钒氧化物相比,无定形钒氧化物具有更好的电容性能,这是因为在无定形钒氧化物中,钒是以原子规格通过共价键与碳骨架相结合,这便促进过渡金属与电子和电解液离子的传导和接触,从而使复合物释放最佳的电化学性能。与之相比,结晶形的钒氧化物以颗粒状分散在碳骨架中,阻碍了电子和离子的传递,抑制了复合材料的电化学性能[1-3]。钒氧化物因其具有客体可嵌入的层状结构和多种氧化态(V^{2+}、V^{3+}、V^{4+}、V^{5+}),以及价格低廉和资源丰富的特点受到广大研究者的青睐[4]。在电化学中,电解液离子反复的脱嵌,容易造成层状结构的破坏,且钒氧化物自身导电性差,以及其较低的功率密度,极大地限制了其电化学性能。因此,尝试将钒氧化物与研究成熟的碳材料相结合,形成复合物并应用到赝电容器电极材料中,利用钒氧化物和碳材料的协同效应,提高复合物材料的电化学性能[5-8]。

Wang 等使用商业的 V_2O_5 和氧化石墨烯制备了 VO_2 纳米带/三维石墨烯复合物水凝胶,在形成 VO_2 纳米带/三维石墨烯的结构时,一维 VO_2 纳米带和二维石墨烯片通过氢键自组装成相互连接的微孔结构,这种结构促进了电极材料中电荷和离子的传输,由于 VO_2 纳米带层状结构和赝电容的性质,复合物电极材料表现出良好的电化学性能,在两电极装置中,VO_2 纳米带/三维石墨烯水凝胶在 $1\ A\cdot g^{-1}$ 时的比电容为 $426\ F\cdot g^{-1}$,在 $10\ A\cdot g^{-1}$ 下循环 5000 次后,其电容保持率为 92 %,复合物的电化学性能优于 VO_2 纳米带和三维石墨烯各自的电化学性能,其优良的电化学性能归因于 VO_2 与石墨烯巧妙的复合,促进了离子扩散和电子转移[5];Zhang 等通过热处理合成 V_2O_3/C 核壳纳米带复合材料,研究表明,碳材料包覆在 V_2O_3 的表面,形成核壳结构,应用到电极材料中,在电流密度为 $0.2\ mA\cdot cm^{-1}$ 下,初始放电电容量为 $171.3\ mA\cdot h^{-1}\cdot g^{-1}$,经过 30 次循环后,其放电电容量为 $96.2\ mA\cdot h^{-1}\cdot g^{-1}$,这种特殊结构的 V_2O_3/C 复合物为制备核壳结构的材料提供新思路[9];Tang 等利用电纺丝和碳化技术制备了三元复合物钒氧化物/单壁碳纳米管/碳纳米纤维(VSCNFs),研究表明,复合物的纤维形貌分布均匀,具有稳定的碳骨架和较高的石墨化程度,这是因为复合物中的元素以共价键的形式与碳骨架相连接(V—N—C、V—O—C、V =O),将复合物应用到电极材料中,样品具有优良的电化学性能,$1\ A\cdot g^{-1}$ 时比电容为 $479\ F\cdot g^{-1}$,$8\ A\cdot g^{-1}$ 循环 5000 次后,电容保持率为 94 %,复合物优良的电化学性能是因为钒和单壁碳纳米管的协同效应提升了复合物的电化学性能[3]。

目前所研究的过渡金属氧化物(TMO)中,铜氧化物以其价格低廉,无毒无害,产量丰富以及理论电容量高($690\ F\cdot g^{-1}$)而被用于赝电容材料的开发[10,11],纳米结构的氧化铜因其特殊的结构和小尺寸效应在电化学领域中发挥了其长足的优势并展示出较高的储能性能。纳米材料在发挥结构优势的同时,也不应忽略在具体使用过程中的弊端,例如最常出现的团聚问题,而本书着重讨论的碳纤维材料在电化学反应中的应用不失为解决此问题的一条捷径,在铜基电极材料制备过程中与一维碳纤维复合,这样既能规避铜纳米粒子的团聚、提高电荷传输效率,还可以利用碳纤维的多孔结构,使电化学反应过程获得更多的活性位点,例如 Lu 等人将铜盐负载于纤维的表面,通过一系列的手段制备出了铜氧化物/碳纳米电极材料[12]。

考虑到双金属的协同效应,本章在讨论铜基氧化物和钒基氧化物与碳纤维复合作为电极材料的电化学性能的同时,也讨论了氧化铜@氧化钒碳纤维复合电极材料在超级电容器领域中的应用。

8.2 实验

8.2.1 实验试剂及实验仪器

本章所用主要试剂除聚丙烯腈(PAN)、N,N-二甲基甲酰胺(DMF)、丙酮(C_3H_6O)、盐酸(HCl)和氢氧化钾(KOH)见表 4-1 外,其余试剂见表 8-1,主要实验仪器见表 4-2,主要表征设备见表 4-3。

表 8-1　实验试剂

药品名称	规格	生产厂家
三水合硝酸铜[$Cu(NO_3)_2 \cdot 3H_2O$]	AR	国药集团化学试剂有限公司
无水乙醇(C_2H_6O)	AR	阿尔法凯撒化学试剂有限公司
乙酰丙酮氧钒[$VO(acac)_2$]	GR	国药集团化学试剂有限公司

8.2.2 电极材料制备过程

1. 钒氧化物/碳纤维复合电极材料的制备

将 $VO(acac)_2$ 与 PAN-DMF 溶液进行原位掺杂配制成纺丝前驱体溶液,将静电纺丝技术与高温焙烧技术相结合制备得到电极材料,根据碳化温度的不同将样品分别命名为 VO_x/CNFs-400、VO_x/CNFs-500、VO_x/CNFs-600、VO_x/CNFs-700 和 VO_x/CNFs-800,图 8-1 为碳纤维负载钒氧化物复合物的主要制备流程。

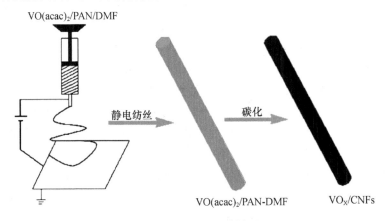

图 8-1　VO_x/CNFs 的制备流程

2. 铜氧化物/碳纤维复合电极材料的制备

将 $CuCl_2$ 与 PAN-DMF 溶液进行原位掺杂配制成纺丝前驱体溶液,将静电纺丝技术与高温焙烧技术相结合制备得到 Cu/CNFs。制备流程如图 8-2 所示。

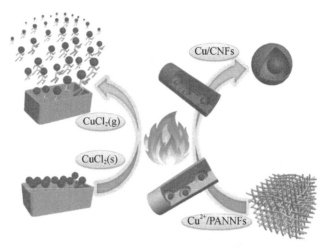

图 8-2 Cu/CNFs 复合催化剂的制备流程示意图

3. 铜氧化物@钒氧化物/碳纤维复合电极材料的制备

将 $VO(acac)_2$ 与 PAN-DMF 溶液进行原位掺杂,配制成纺丝前驱体溶液,利用静电纺丝技术和高温焙烧技术制备得到 V_2O_5/CNFs,再将其浸渍于不同浓度的 $CuCl_2$ 溶液中,$m_{VO(acac)_2} : m_{CuCl_2} = 1 : 1、5 : 1$ 和 $1 : 0$,经过预氧化和碳化后制备得到 V_2O_5-Cu/CNFs,再经双氧水氧化后制备得到复合电极材料 V_2O_5-Cu_xO/CNFs。制备过程如图 8-3 所示。

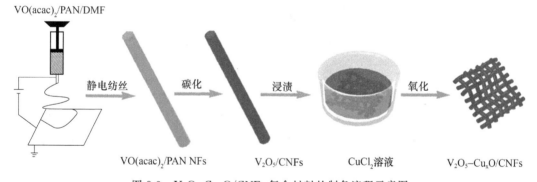

图 8-3 V_2O_5-Cu_xO/CNFs 复合材料的制备流程示意图

8.2.3 实验结果与讨论

1. 钒氧化物/碳纤维复合电极材料表征结果与电化学性能讨论

图 8-4 为 $n_{VO(acac)_2}/n_{PAN} = 1 : 10$ 高分子复合纤维和在不同碳化温度下得到复合电极材料的 SEM 表征。由图可知,高分子纤维膜(图 8-4a)表面光滑,直径为 300~500 nm;热处理后得到的碳纤维(图 8-4b~图 8-4f)依然维持良好的一维纤维形貌,且随着碳化温度的增加,纤维直径有所减小,这是由于高分子纤维膜中的有机成分在热处理过程中有机基团逐渐走失所致。

图 8-5 为 VO_x/CNFs-500 的 TEM 图,由图 8-5a~c 可知,碳纤维的直径约为 300 nm,且

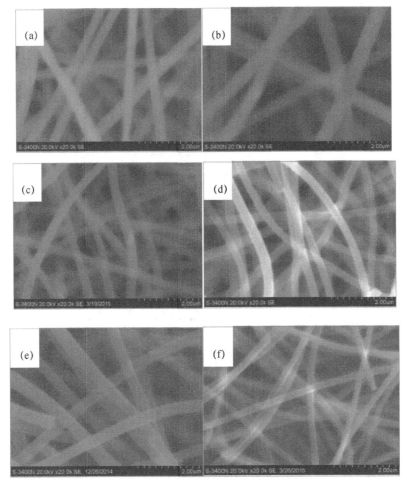

图 8-4　复合电极材料的 SEM 图：(a) VO(acac)$_2$/PAN NFs，(b) VO$_x$/CNFs-400，
(c) VO$_x$/CNFs-500，(d) VO$_x$/CNFs-600，(e) VO$_x$/CNFs-700，(f) VO$_x$/CNFs-800

复合电极材料表面光滑，没有明显颗粒附着；复合电极材料的高分辨（图 8-5d）图中没有特征晶格条纹的存在，说明复合电极材料中的 VO$_x$ 为非结晶状态；图 8-5e 为样品的 S-TEM 图，由图可知，C、O 和 V 元素均匀地分布在碳纤维中，钒谱中没有明显的团聚，表明钒在复合电极材料中以纳米尺寸均匀分布。

　　图 8-6 为 VO$_x$/CNFs 系列样品的 XRD 测试结果。图中曲线 a～e 分别是不同碳化温度下得到复合电极材料的 XRD 谱图，其中在 $2\theta \approx 25°$ 处出现较宽的衍射峰，属 PAN 在碳化过程中无定形碳的形成，除此以外，各碳化温度下形成的复合电极材料都没有形成特定的晶形结构，表明钒氧化物结晶度较低，结果与 HRTEM 表征结果一致。证明所制备的电极材料中钒氧化物属于非结晶态存在[13]。

　　通过 XPS 对 VO$_x$/CNFs-500 复合电极材料中的元素组成及价态进行分析，测试结果如图 8-7 所示。由图 8-7a 总谱可知，样品中存在 C、N、V、O 四种元素，图 8-7b 的 C 1s 高分辨谱图显示 284.7 eV、286 eV、288 eV 处的结合能分别对应 C—C、C—O、C=O；图 8-7c 的 O 1s 高分辨谱图中 530 eV 和 531.6 eV 处的结合能分别对应 V—O 和 C—O；图 8-7d 的 V 2p 高分辨谱图 516.95 eV 和 524.3 eV 处的结合能归属于 V$_2$O$_5$ 中的 V^{5+}；V 2p 和 O 1s 高分辨谱图证实样品中含有的钒氧化物极可能为 V_2O_5[14,15]。

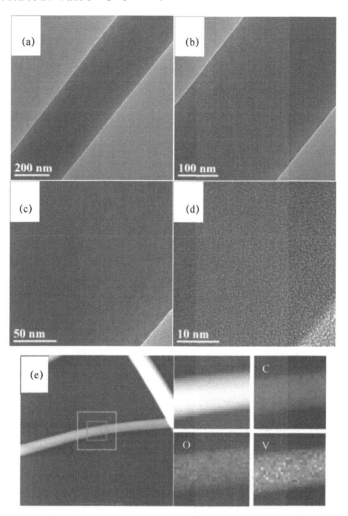

图 8-5　(a)～(c) 样品 VO_x/CNFs-500 的 TEM，(d)HRTEM，(e) S-TEM

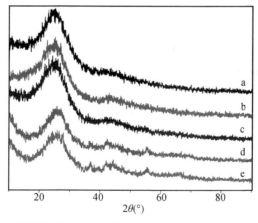

图 8-6　样品的 XRD 测试图谱：曲线(a)VO_x/CNFs-400，(b)VO_x/CNFs-500，
(c)VO_x/CNFs-600，(d)VO_x/CNFs-700，(e)VO_x/CNFs-800

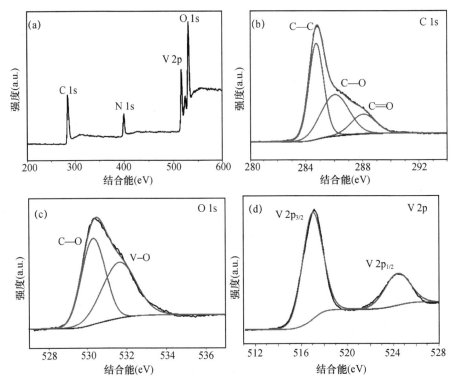

图 8-7　样品 $VO_x/PAN=1:10$ 碳化温度为 500 ℃时制备得到复合电极材料的 XPS 测试结果

对 $VO_x/CNFs$ 系列电极材料进行红外光谱表征,图 8-8 为相应的测试结果。其中 a 曲线为 PAN 高分子纤维的红外谱图,2930 cm^{-1} 和 2869 cm^{-1} 对应 C—H 的伸缩振动,2242 cm^{-1} 对应—C≡N 的伸缩振动,1729 cm^{-1} 对应 C=O 的伸缩振动,1654 cm^{-1} 为 C=N 的伸缩振动和 1443 cm^{-1} 为 C—H 的弯曲振动[16];b 曲线为 $VO(acac)_2/PAN$ 高分子纤维膜的红外谱图,1554 cm^{-1} 和 1529 cm^{-1} 为 acac 配位体中的 C=O 伸缩振动,1378 cm^{-1} 为 C—H 的变形振动,1278 cm^{-1} 为 C—CH₃ 和 C=C 伸缩振动重叠,981 cm^{-1} 为 V=O 的伸缩振动,785 cm^{-1} 为 C—H 的弯曲振动,489 cm^{-1} 为 V—O 的伸缩振动;曲线 a 和 b 证实了在 PAN 高分子纤维膜和 $VO(acac)_2/PAN$ 高分子纤维膜中特征有机基团的存在;曲线 c~g 为 $VO_x/CNFs$ 系列电极材料在不同碳化温度下的红外谱图,图中可见,曲线 a 和 b 中代表 PAN 和 $VO(acac)_2$ 结构中的有机基团特征峰均已消失,在 1589 cm^{-1} 和 1300 cm^{-1} 出现 C=C 和 C—O 的伸缩振动峰,表明复合电极材料中的碳纤维形成了一定的石墨化结构[17-19]。

图 8-9a 为 $VO_x/CNFs$ 系列电极材料在 30 mV·s^{-1} 下的 CV 曲线。由图可知,在相同的扫描速率下,不同样品在电化学测试过程中依然呈现明显的氧化还原峰,表明电极材料的赝电容特性,由各温度下电极材料 CV 曲线包围面积的大小和峰电流的响应程度可知,$VO_x/CNFs$-500 的电化学性能最佳;图 8-9b 为 $VO_x/CNFs$ 系列电极材料在 0.5 A·g^{-1} 下的 GCD 曲线,由图可知,不同碳化温度电极材料的 GCD 曲线具有明显的放电平台,对应 CV 曲线的还原峰,同样证明了 $VO_x/CNFs$ 系列电极材料具有明显的法拉第赝电容特性,根据 GCD 曲线中各温度下放电时间的长短可知,$VO_x/CNFs$-500 的电化学性能最佳,与 CV 测试分析结果相一致,根据 GCD 曲线得到 $VO_x/CNFs$ 系列电极材料在 0.5 A·g^{-1} 时的比电容分别是:120 F·g^{-1}、606 F·g^{-1}、218 F·g^{-1}、408 F·g^{-1} 和 445 F·g^{-1};图 8-9c 为 $VO_x/CNFs$ 系列电极材料依据

GCD 曲线所得的比电容值随电流密度变化的曲线图,由图可知,在不同电流密度下,VO$_x$/CNFs-500 其比电容均高于其他碳化温度所得样品的比电容。当电流密度增加到 5 A·g^{-1} 时,比电容值为 460 F·g^{-1},电容保持率为 76 %,具有较好的电容性能。

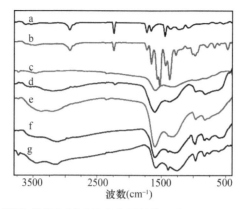

图 8-8　样品的红外谱图:曲线(a) PAN 高分子纤维,(b) VO(acac)$_2$/PAN 高分子纤维,(c) VO$_x$/CNFs-400,(d)VO$_x$/CNFs-500,(e)VO$_x$/CNFs-600,(f)VO$_x$/CNFs-700,(g)VO$_x$/CNFs-800

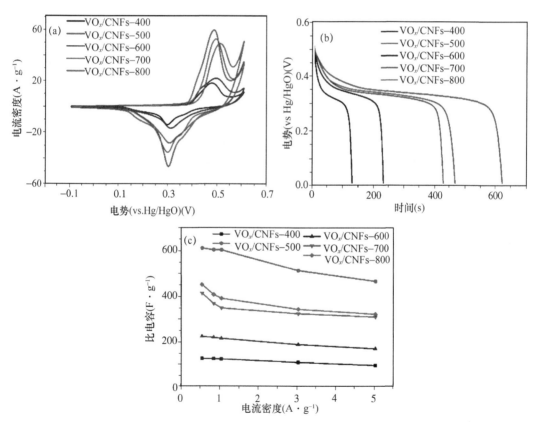

图 8-9　(a)VO$_x$/PAN=1∶10 不同碳化温度样品在 30 mV·s^{-1} 时的 CV 曲线,
(b)VO$_x$/PAN=1∶10 不同碳化温度样品在 0.5 A·g^{-1} 时的 GCD 曲线,
(c)基于 GCD 测试得到的电极材料在不同电流密度下的比电容

2. 铜氧化物/碳纤维复合电极材料表征结果与电化学性能讨论

图 8-10 是 $CuCl_2$/PAN NFs 和 Cu/CNFs 的 SEM 图、直径分布图和能谱图。图 8-10a 和图 8-10b 显示纤维平直且光滑，呈连续的一维形貌；图 8-10c 和图 8-10d 显示经过热处理后电极材料的直径变小，这是由于 $CuCl_2$/PAN NFs 在热处理过程中 PAN 发生基团脱落和碳链的重整，从而使得纤维直径变小；图 8-10e 和图 8-10f 的能谱图可反映出铜元素的存在，尤其是图 8-11f，PAN 在热处理过程中失重较大，致使 Cu 的含量较之热处理前大幅升高。

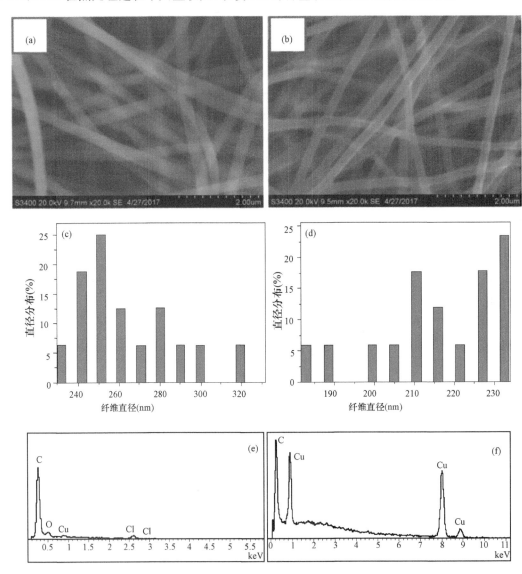

图 8-10 Cu/CNFs 的 SEM 图：(a) $CuCl_2$/PAN NFs，(b) Cu/CNFs，
(c)和(e)对应(a)、(d)和(f)对应(b)的纳米纤维直径分布图和 EDS 图

利用 TEM 对 Cu/CNFs 电极材料进行更加精细的形貌表征，如图 8-11 所示，图 8-11a、图 8-11b 和图 8-11c 为不同放大倍数下的 TEM 图，图中均可清晰地看到纤维表面无明显附着物且纤维直径为 250 nm 左右；其中图 8-11c 的高分辨电镜图片上没有显示出特殊的晶格条纹，初步判定铜以非晶态形式存在；图 8-11d 为 Cu/CNFs 的元素分布图，图中可以清晰地看到 C、

O 和 Cu 元素均匀地分布在纤维体相中。

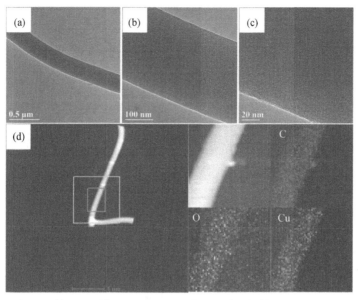

图 8-11　Cu/CNFs 的 TEM 图：(a)、(b) 和 (c) 为不同放大倍数下的 Cu/CNFs,(d) 为面扫

红外光谱中的有效信息可对所制备样品中的官能团进行指认,图 8-12 是所制备样品的红外光谱图,其中曲线 A 是 CuCl$_2$/PAN NFs 的红外光谱图,在 2934 cm^{-1} 处的吸收峰对应官能团 CH 和 CH$_2$ 的 C—H 振动峰,2247 cm^{-1} 处的吸收峰为—C≡N 的伸缩振动峰,1446 cm^{-1} 和 1661 cm^{-1} 处的吸收峰分别对应—CH$_2$—和 C═O 的伸缩弯曲振动;曲线 B 是 Cu/CNFs 的红外光谱图,与 CuCl$_2$/PAN NFs 的红外谱图对比,其中 PAN 的有机基团特征峰均已消失,分别在 1608 cm^{-1}、1378 cm^{-1} 和 3435 cm^{-1} 处出现了 C═C 伸缩振动、C—O 伸缩振动和—OH 及—NH 的弯曲振动,这表明碳纤维中出现了石墨网状结构,说明热处理过程给电极材料提供了可充分碳化的条件。

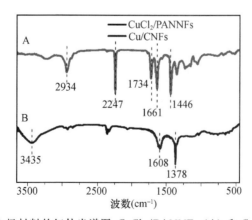

图 8-12　电极材料的红外光谱图:CuCl$_2$/PANNFs (A) 和 Cu/CNFs (B)

从 XPS 光谱图 8-13a 中可以看到电极材料中所含元素为 C、O、N 和 Cu,与 TEM 测试中的 mapping 结果一致;图 8-13b 和图 8-13c 分别为 C 1s 和 Cu 2p 的高分辨图谱,其中图 8-13c

在 932 eV 和 951.8 eV 处的电子结合能分别为 Cu $2p_{3/2}$ 和 Cu $2p_{1/2}$ 的特征峰；图 8-13d 为 Cu/CNFs 的 XRD 图谱，在 $2\theta \approx 25°$ 和 43° 处出现了两个特征峰，这两个峰分别对应了石墨的（002）和（100）晶面，进一步证实碳化过程中 PAN 的石墨化进程[20,21]；在图中没有铜的衍射峰，说明铜以非晶相的形式存在于碳纤维结构中，此结果与 TEM 测试结果吻合。

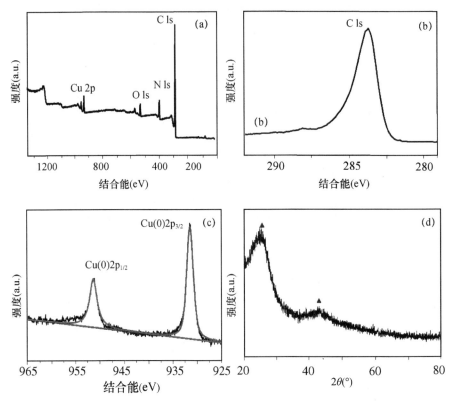

图 8-13 Cu/CNFs 的 XPS 图：(a) 总谱，(b) C 1s 高分辨图谱，
(c) Cu 2p 高分辨图谱，(d) Cu/CNFs 的 XRD 谱图

将得到的 Cu/CNFs 浸渍于浓度为 30 ％ 的 H_2O_2 的水溶液中，保持时间为 10 min，图 8-14a 为氧化后电极材料中 Cu 2p 的高分辨 XPS 谱图，从图中可知一维碳纤维体相中的铜以混合价态（Cu^{2+}，Cu^+）的形式出现；将 Cu_xO/CNFs 作为电极材料并研究其在超级电容器体系下的电化学性能，如图 8-14b～d 所示。其中图 8-14b 为样品 Cu_xO/CNFs 在不同的扫描速率下的 CV 曲线，图中的氧化还原峰表明电极材料在电化学反应过程中存在可逆的氧化还原反应，并且随着扫描速率的增加，CV 曲线的形状并没有发生明显变化，进一步证明了该电极材料具有良好的电容性能；图 8-14d 是根据图 8-14c 中的 GCD 曲线计算得到的比电容值曲线图，电流密度为 0.5～5 A·g^{-1} 对应的比电容分别为 682 F·g^{-1}、680 F·g^{-1}、665 F·g^{-1}、569 F·g^{-1} 和 504 F·g^{-1}，电容保持率为 73.89 ％；通过以上电化学性能测试数据可知，以碳纤维为载体结合氧化铜制备的复合电极材料在超级电容器领域具有良好的电化学性能。

3. 铜氧化物@钒氧化物/碳纤维复合电极材料电化学性能讨论

图 8-15a 为 V_2O_5-Cu_xO/CNFs 系列电极材料在 30 mV·s^{-1} 下的循环伏安（CV）曲线，图中的氧化还原峰说明电极材料在电化学反应过程中显示出明显赝电容特性，并且 $m_{\text{VO(acac)}_2}$：$m_{\text{CuCl}_2}=1:1$ 时，CV 曲线所包围的积分面积最大，说明此种电极材料的电化学性能最优；

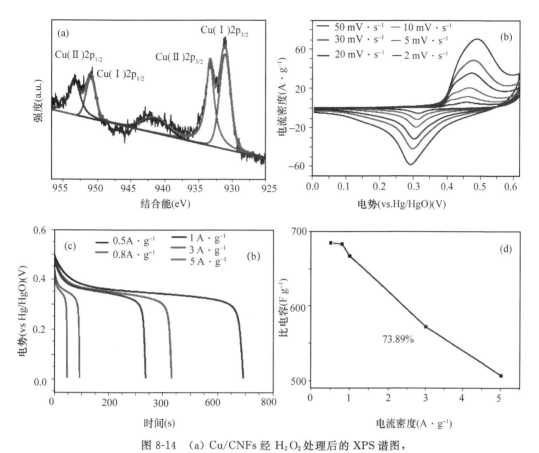

图 8-14　（a）Cu/CNFs 经 H_2O_2 处理后的 XPS 谱图，
（b）电极材料 Cu_xO/CNFs 在不同扫速下的 CV 曲线，（c）电极材料 Cu_xO/CNFs 在不同
电流密度下的 GCD 曲线，（d）基于 GCD 测试得到的电极材料在不同电流密度下的比电容

图 8-15b 为样品的恒流充放电（GCD）曲线，GCD 曲线具有与放电平台的 CV 曲线相对应清晰地还原峰，这种"曲线偏差"现象在一定的电压范围内表现出赝电容器的法拉第效应随电位变化的特性，也证明该电极材料具有明显的法拉第效应[22-24]，样品在 0.5 $A \cdot g^{-1}$ 下的恒流充放电（GCD）曲线中可以清晰地看到，$m_{VO(acac)_2}$: m_{CuCl_2} 分别为 1 : 1、5 : 1 和 1 : 0 时，对应的放电时间依次为 718 s、684 s 和 568 s；图 8-15c 为此系列电极材料通过计算得到其对应的比电容值，分别为 706 $F \cdot g^{-1}$、678 $F \cdot g^{-1}$ 和 559 $F \cdot g^{-1}$，当 $m_{VO(acac)_2}$: m_{CuCl_2} = 1 : 1 时，在此测试条件下电极材料的比电容值最高，且拥有最高的电容保持率；将 V_2O_5-Cu_xO/CNFs 系列电极材料的电化学行为在同一频率范围内进行拟合，如图 8-15d 所示，电极材料的电荷转移阻值较小，阻值分别为 0.49 Ω、0.40 Ω 和 0.46 Ω，且低频区 Warburg 线的斜率反映出电极材料在电化学反应过程中具有良好的离子扩散电阻，阻抗图谱反映出 V_2O_5-Cu_xO/CNFs 系列电极材料具有较小的内阻和良好的电荷传输能力；图 8-15e 为 V_2O_5-Cu_xO/CNFs 系列电极材料在 5 $A \cdot g^{-1}$ 下进行 2000 次循环充放电的循环稳定性测试结果，由图可知，随着碳化温度的增加，不同电极材料的电容保持率分别为 94.11%、93.08% 和 73.32%，当 $m_{VO(acac)_2}$: m_{CuCl_2} = 1 : 0 时制备得到的复合电极材料其循环稳定性较之其他两种电极材料略有下降。

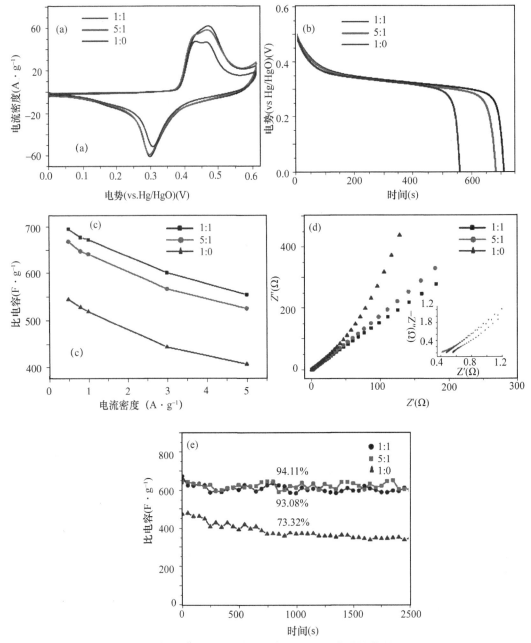

图 8-15　V_2O_5-Cu_xO/CNFs 电极材料的电化学性能测试：
（a）电极材料在 30 mV·s^{-1} 下的 CV 曲线，（b）电极材料在电流密度为 0.5 A·g^{-1} 下的 GCD 曲线，
（c）电极材料不同电流密度与比电容的关系图，（d）电极材料的阻抗图谱，
（e）电极材料在 5 A·g^{-1} 下的循环稳定性测试

8.3　小结

科技的进步给人类生活带来了各种各样的便利，随之而来的问题就是如何更加方便、高效和便捷地提供能量输出装置，超级电容器有自身的优势，例如可以在更宽的温度范围内工作

（－40～70 ℃）、可瞬间释放大电流、可在短时间内蓄积能量和超乎想象的循环充放电次数（约 10^5 次），但是超级电容器也有自身缺点，其中最需要克服的是提高超级电容器的能量释放时间。目前，将超级电容器与传统电池（例如锂电池）混合使用，各取所长，是当前在实际开发和应用中比较常用的方法。赝电容性质的电极材料具有选择范围广、能量密度高和功率密度高的特点，将赝电容电极材料按其结构特点进行结构重建，在新型电极材料开发领域具有重要意义。本部分内容阐述了利用静电纺丝技术将铜氧化物和钒氧化物与一维碳纤维复合得到碳纤维基柔性复合电极材料，在 $0.5\ \text{A} \cdot \text{g}^{-1}$ 的电流密度下，比电容值达 $706\ \text{F} \cdot \text{g}^{-1}$。

参考文献

[1] Chen X, Zhao B T, Cai Y, et al. Amorphous V-O-C composite nanofibers electrospun from solution precursors as binder-and conductive additive-free electrodes for supercapacitors with outstanding performance [J]. Nanoscale, 2013, 5: 12589-12597.

[2] Kim B H, Kim C H, Yang K S, et al. Electrospun vanadium pentoxide/carbon nanofiber composites for supercapacitor electrodes[J]. Electrochimica Acta, 2012, 83: 335-340

[3] Tang K X, Li Y P, Cao H B. Integrated electrospun carbon nanofibers with vanadium and single-walled carbon nanotubes through covalent bonds for high-performance supercapacitors[J]. RSC Advances, 2015, 5: 40163-40172.

[4] Huang K L, Li X G, Liu S Q, et al. Research progress of vanadium redox flow battery for energy storage in China[J]. Renewable Energy, 2008, 33(2): 186-192.

[5] Wang H, Yi H, Chen X, et al. One-step strategy to three-dimensional VO_2 nanobelt composite hydrogels for high performance supercapacitors [J]. Journal of Materials Chemistry A, 2014, 2: 1165-1173.

[6] Deng L, Zhang G, Kang L, et al. Graphene/VO_2 hybrid material for high performance electrochemical capacitor [J]. Electrochimica Acta, 2013, 112: 448-457.

[7] Bao J, Zhang X, Bai L, et al. All-solid-state flexible thin-film supercapacitors with high electrochemical performance based on a tow-dimensional $V_2O_5 \cdot H_2O$/graphene composite[J]. Journal of Materials Chemistry A, 2014, 2: 10876-10881.

[8] Wang Y, Zhang H J, Admar A S, et al. Improved cyclability of lithium-ion battery anode using encapsulated V_2O_3 nanostructures in well-graphitized carbon fiber[J]. RSC Advance, 2012, 2: 5748-5753.

[9] Zhang Y F, Fan M J, Liu X H, et al. Beltlike V_2O_3@C core-shell-structured composite: design, preparation, characterization, phase transition and improvement of electrochemical properties of V_2O_3[J]. European Journal of Inorganic Chemistry, 2012, 2012(10): 1650-1659.

[10] Vidyadharan B, Misnon I I, Ismail J, et al. High performance asymmetric supercapacitors using electrospun copper oxide nanowires anode[J]. Journal of Alloys and Compounds, 2015, 633: 22-30.

[11] Dubal D P, Gund G S, Holze R, et al. Enhancement in supercapacitive properties of CuO thin films due to the surfactant mediated morphological modulation[J]. Journal of Electroanalytical Chemistry, 2014, 712: 40-46.

[12] Lu J, Xu W, Li S, et al. Rational design of CuO nanostructures grown on carbon fiber fabrics with enhanced electrochemical performance for flexible supercapacitor[J]. Journal of Materials Science, 2017, 53 (1): 739-748.

[13] Zhang Y Q, Jia M M, Gao H Y, et al. Porous hollow carbon sphere: facile fabrication and excellent supercapacitive properties[J]. Electrochimica Acta, 2015, 184: 32-9.

[14] Zhao B, Cai R, Jiang S, et al. Highly flexible self-standing film electrode composed of mesoporous rutile TiO_2/C nanofibers for lithium-ion batteries [J]. Electrochimica Acta, 2012, 85: 636-643.

[15] Hopfengärtner G, Borgmann D, Rademacher I, et al. XPS studies of oxidic model catalysts: Internal standards and oxidation numbers[J]. Journal of Electron Spectroscopy and Related Phenomena, 1993, 63: 91-116.

[16] Fu L, Kang W M, Cheng B W, et al. Preparation and catalytic behavior of hollow Ag/carbon nanofibers [J]. Catalysis Communications, 2015, 69: 150-153.

[17] Panthi G, Park S J, Kim T W, et al. Electrospun composite nanofibers of polyacrylonitrile and Ag_2CO_3 nanoparticles for visible light photocatalysis and antibacterial applications [J]. Journal of Materials Science, 2015, 50: 4477-4485.

[18] Yu D D, Bai J, Liang H O, et al. Fabrication of $AgI-TiO_2$ loaded on carbon nanofibers by electrospinning, solvothermal synthesis, and gas/solide oxidation methods and its excellent recyclable and renewable performance in visible-light catalysis[J]. Journal of Molecular Catalysis A: Chemical, 2016, 420: 1-10.

[19] 杨娟, 余剑, 徐光文. 乙酰丙酮氧钒的绿色合成工艺[J]. 精细化工, 2012, 29(5): 513-516.

[20] Zhou T, Yao Q, Zhao T, et al. One-pot synthesis of fluorescent DHLA-stabilized Cu nanoclusters for the determination of H_2O_2[J]. Talanta, 2015, 141:80-85.

[21] Zhang Z, Xiao A, Yan K, et al. $CuInS_2$/ZnS/TGA Nanocomposite Photocatalysts: Synthesis, Characterization and Photocatalytic Activity[J]. Catalysis Letters, 2017, 147 (7):1631-1639.

[22] Kim M, Kim J. Development of high power and energy density microsphere silicon carbide-MnO_2 nanoneedles and thermally oxidized activated carbon asymmetric electrochemical supercapacitors[J]. Physical Chemistry Chemical Physics, 2014, 16 (23):11323-11336.

[23] Hou Y, Chen L, Liu P, et al. Nanoporous metal based flexible asymmetric pseudocapacitors[J]. Journal of Materials Chemistry A, 2014, 2 (28):10910-10916.

[24] 黄建华. 超级电容器用钒氧化物基电极材料研究[D]. 成都:四川大学, 2007.